# Daniel Gerardo

# LA PIRÁMIDE POSIBLE

Contacto: danielgerardo@yahoo.com

Agradecimiento a quienes colaboraron
con la realización de este libro.

# Introducción

Monumentos de la fuerza y el ingenio humano, las pirámides han motivado en todo tiempo admiración y curiosidad. Erigida en la meseta de Giza, la pirámide del faraón Jhufu (Keops según la designación griega) o Gran Pirámide como se la denomina, representa la obra maestra de los constructores.

**¿Como fue construida la Gran Pirámide?** es una interrogante que se trasmite sin solución en el transcurso de los milenios.

Para diversos investigadores, ingenieros, arquitectos y constructores modernos, la Gran Pirámide es una **"obra imposible"** de haber sido realizada por la antigua civilización egipcia.

En este libro **"La Pirámide Posible"**, analizaremos la evolución constructiva experimentada durante el Antiguo Imperio Egipcio, que hizo posible la concreción de esta obra. Repasando la bibliografía existente, se observa que las diferencias de opinión entre los especialistas, tienen su origen en que no se establecen con claridad los requisitos que fueron satisfechos en la edificación de esta obra, o bien las técnicas de construcción que se proponen no cumplen con los mismos.

Luego de determinar cuales fueron los requisitos constructivos del proyecto, seleccionaremos aquellos procedimientos que son de aplicación en cada etapa de la obra y que satisfacen dichos requisitos.

Las técnicas de construcción propuestas se encontrarán dentro del contexto de los conocimientos y posibilidades de la época y de las evidencias arqueológicas disponibles.

Formularemos propuestas complementarias donde las existentes presentan debilidades, alcanzando una comprensión integral de la construcción y diseño de esta maravilla de la antigüedad en particular y de las pirámides egipcias en general.

**Capítulo I:** Describe la Gran Pirámide mediante relatos e ilustraciones de investigadores pioneros que muestran esta edificación con sumo detalle y precisión. Es necesario que el lector visualice el diseño general de la distribución interior, para continuar con la lectura del libro y el análisis de los temas siguientes.

**Capítulo II:** Trata sobre las interrogantes y contradicciones que plantea el cierre de la pirámide mencionando las interpretaciones existentes sobre el tema.

**Capítulo III:** Desarrolla la evolución constructiva experimentada en las pirámides en el transcurso del Antiguo Imperio Egipcio. Se analizan los **avances constructivos** producidos desde la mastaba hasta alcanzar la Gran Pirámide en el punto máximo de esta evolución.

Identifica cuales son las dificultades que comprende la realización de estas obras y cuales las soluciones que los antiguos constructores adoptaron para consolidar los sucesivos avances.

Las opiniones de los principales especialistas son presentadas de manera que el lector perciba los diferentes enfoques. Se incursionará además en el esclarecimiento de **la estructura de las pirámides verdaderas**, que hacen a la comprensión de la temática central.

**Capítulo IV:** Luego de describir los procedimientos de agrimensura y las técnicas de elevación de bloques utilizados en cada avance constructivo, lo aplicaremos a la construcción de la Gran Pirámide.

**Capítulo V:** Desarrollo mi propuesta sobre **la técnica utilizada para elevar bloques a gran altura**. Analizo en función de ella, **el propósito de la Gran Galería y su inclusión en el diseño de la distribución interior de la Gran Pirámide**. Incursiono en las versiones históricas disponibles interpretadas a la luz de los temas constructivos desarrollados.

**Capítulo VI:** Interpreto **el cierre de la pirámide y su relación con la Gran Galería**.

Finalmente se adjuntan **Memorias de Cálculo** que corresponden a las técnicas de elevación de bloques utilizada.

El Autor.

# Capítulo I

# Descripción de la Gran Pirámide

El complejo funerario de Giza está formado por las pirámides de los faraones Keops, Kefren y Micerino, la Esfinge y un conjunto de mastabas y pirámides satélites.

Figura 1: Complejo funerario de Giza.

Figura 2: La Gran Pirámide.

La pirámide del faraón Jhufu (Keops según la designación griega) o Gran Pirámide como se la denomina comúnmente, forma parte de este complejo funerario construido durante la IV dinastía del antiguo imperio egipcio.

Considerada primera maravilla del mundo antiguo, su base es cuadrada de 230 metros de lado, cubre más de cincuenta hectáreas y la edificación alcanza una altura de 147 metros, presentando sus caras una pendiente de 51° 51′.

Esta pirámide consta actualmente de 201 hiladas de bloques, terminando en una plataforma cuadrada de 10 metros de lado. El revestimiento al igual que la cima le fue quitado casi en su totalidad a principios de la era cristiana y empleado en la muralla y otras construcciones en El Cairo antiguo.

Figura 3: Bloques del Revestimiento.

Su construcción necesitó aproximadamente 2.600.000 bloques con un peso promedio de 2,5 toneladas cada uno, sumando 6.500.000 toneladas en total **(Lauer 1948:47)**.

El espesor de las hiladas de piedras disminuye con la altura de la pirámide, comenzando en 1,5 metros en la base y terminando en 0,55 metros en la cima **(Petrie 1883: Plate 8)**. El tamaño de los bloques y por consiguiente su peso también disminuye con la altura. Los bloques del revestimiento que aún subsisten en la base de la edificación, pesan 15 toneladas mientras que en la cima eran de menor tamaño, pesando entre 500 y 1000 Kg. (tomando como referencia los existentes en la pirámide de Kefren). **Esta disminución en el tamaño de los bloques está relacionada con la dificultad de elevarlos y con la técnica utilizada para hacerlo, como veremos luego.**
Los bloques de mayor tamaño están en el núcleo de la pirámide y en el techo de las cámaras, alcanzando valores de 80 toneladas.

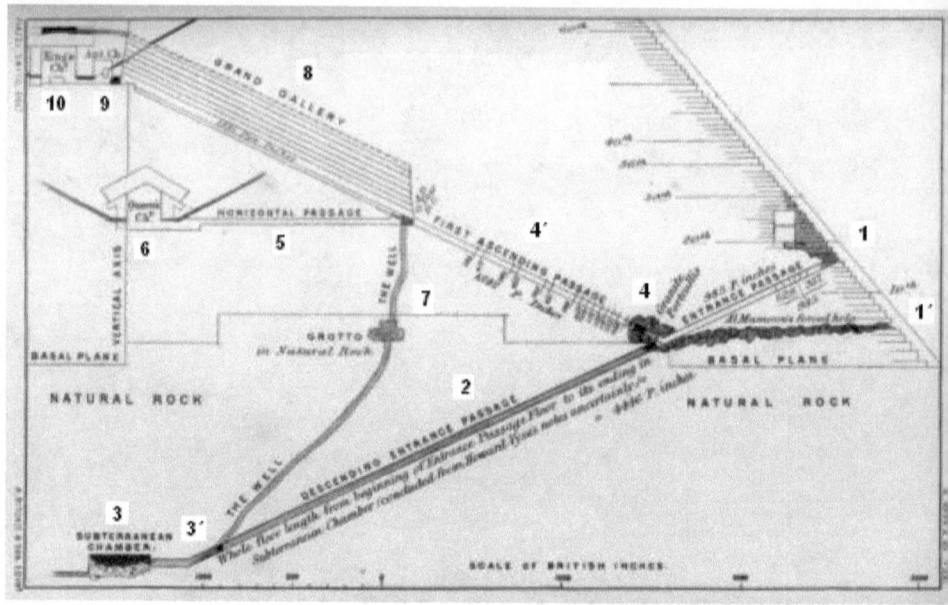

Figura 4: Corte Norte –Sur de la Gran Pirámide.

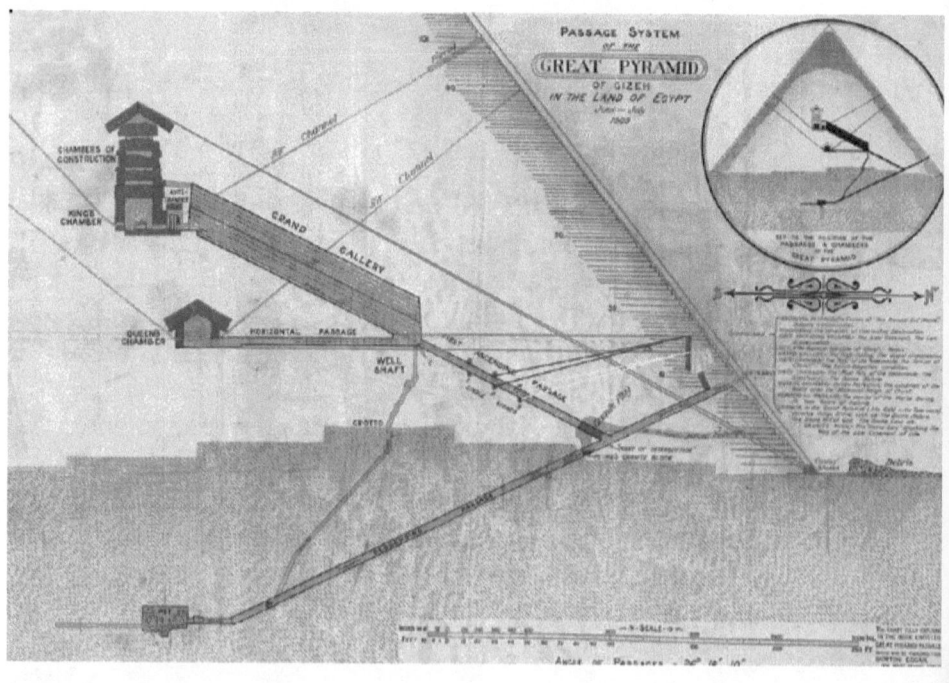

Figura 5: Corte y vista general de la Gran Pirámide.

14

La Gran Pirámide fue revestida en fina piedra caliza de Tura, con bloques cuyas junturas y acabado alcanzó una perfección asombrosa.

Estas terminaciones se encuentran en el revestimiento así como en los corredores y cámaras, mientras que el núcleo fue edificado con bloques irregulares de piedra caliza pobre.

### Distribución Interior

La Gran Pirámide fue objeto de estudios científicos por primera vez, durante la expedición francesa realizada por Napoleón Bonaparte en 1789. Recurriremos a los informes y relatos del Coronel Coutelle integrante esa expedición y otros destacados egiptólogos.

### Entrada

"La **Entrada** de la Gran Pirámide **(1)** (ver. Fig. 4, 6 y 7) se encuentra ubicada sobre la cara norte a 13,5 metros de altura sobre el nivel de la base, en la hilera número 15.

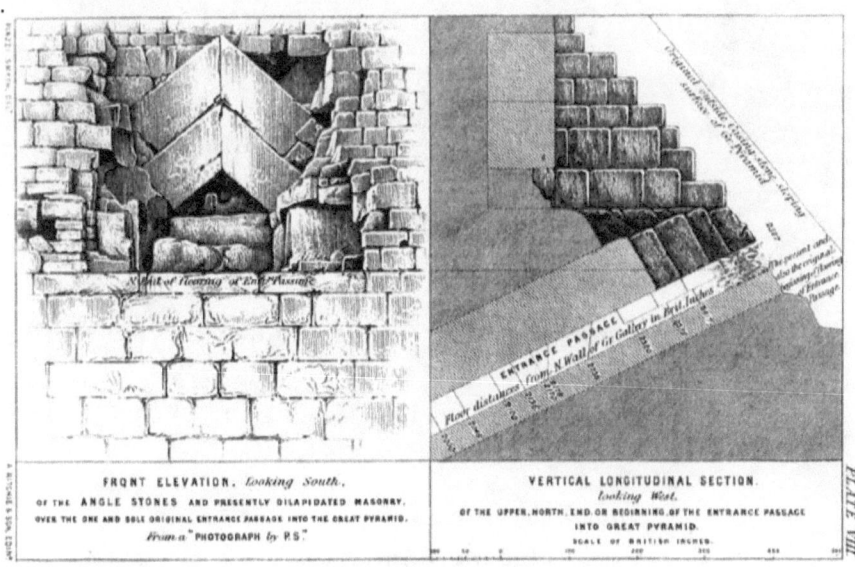

**Figura 6: Entrada.**

A continuación de esta entrada se encuentra un corredor estrecho e inclinado, que tiene 1,1 metros de alto y de ancho. La primera galería denominada **Corredor Descendente (2)** de 22,3 metros de longitud hasta el extremo actual, estaba únicamente cerrada en la entrada.

Si el primer corredor hubiera estado bloqueado en toda su longitud, quedarían señales de la remoción de esos tapones en las paredes y techo, que por el contrario, continúan perfectamente lisos." **(Vyse, 1837: 269).**

En esos tiempos no se conocía el resto del corredor descendente excavado en la roca, que conduce a la **Cámara Subterránea (3)** porque se encontraba obstruido con escombros y arena que fueron retirados por el capitán Caviglia.

**Figura 7: Entradas.**

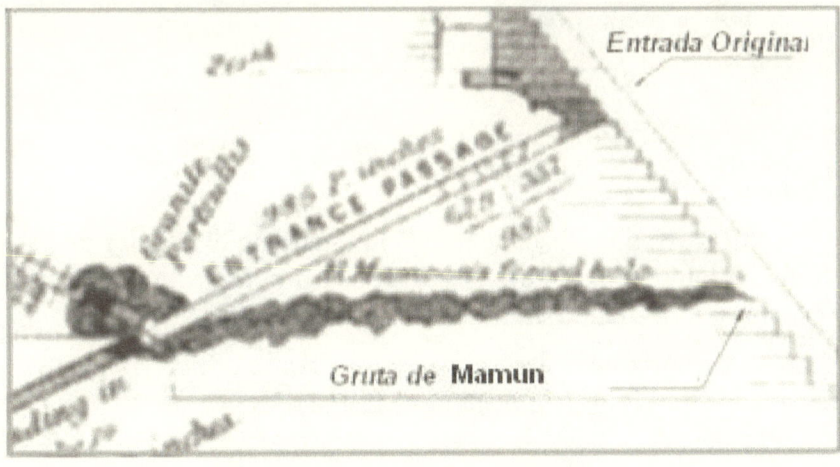

**Figura 8: Entrada al Corredor Ascendente.**

Entrada Original

Gruta de Mamun

**Figura 9: Gruta de Al-Mamun.**

**Figura 10: Corredor Descendente.**

## Cámara Subterránea

El Corredor Descendente **(2)** penetra en el interior de la pirámide con un ángulo de 26 grados 34 minutos, una longitud de 97 metros, terminando en un Corredor Horizontal **(3´)**.

El corredor horizontal desemboca en la Cámara Subterránea **(3)** inacabada **(Petrie, 1883: 55)"** (Ver Fig.:4).

Figura 11: Entrada al Corredor Ascendente.

El suelo es accidentado lleno de salientes redondeadas, presenta un pozo cuadrado de 2 metros de lado excavados en diagonal a las paredes de la cámara. La profundidad original de este pozo debió ser de 2,60 metros. Vyse y Perring lo ahondaron circularmente hasta alcanzar los 11 metros en la búsqueda de la Cámara Subterránea descripta por Herodoto. Esta cámara inacabada se prolonga hacia el Sur por un estrecho canal horizontal sin salida de 16 metros de largo.

Al salir de la cámara subterránea, a 8 metros del corredor horizontal, sobre la cara Oeste del corredor descendente, desemboca el llamado **Pozo o Conducto de Servicio (7)** cuyo extremo superior se sitúa a la entrada de la Gran Galería (Ver Fig.:13 y 14). Si continuamos ascendiendo por el corredor descendente a 21 metros de la entrada encontramos el corredor y la desembocadura del **Corredor Ascendente (4)**, que está obstruído por tres enormes bloques de granito, cada uno de los cuales mide aproximadamente 2,3 metros de longitud" (Ver Fig.:11).

En la actualidad se ingresa a la pirámide por la excavación realizada a un costado hacia la derecha de la entrada original, algunos metros más abajo (Ver Fig.:7, 8 y 9). Esta excavación conduce directamente al Corredor Ascendente terminando encima de los bloques de granito que obstruyen la salida de este corredor.

Según Coutelle: "la segunda galería o corredor ascendente (4), (Ver Fig.:11) con una inclinación de 27 grados, tiene 33 metros de longitud por una anchura y altura iguales a la primera. Está cerrada en la entrada por un gran bloque de granito, de las mismas dimensiones que el corredor. La dificultad de romper una piedra tan dura, en un espacio tan reducido, hizo buscar una salida rompiendo las piedras más blandas, que forman el macizo del lado derecho de este corredor, paralelamente a su dirección.

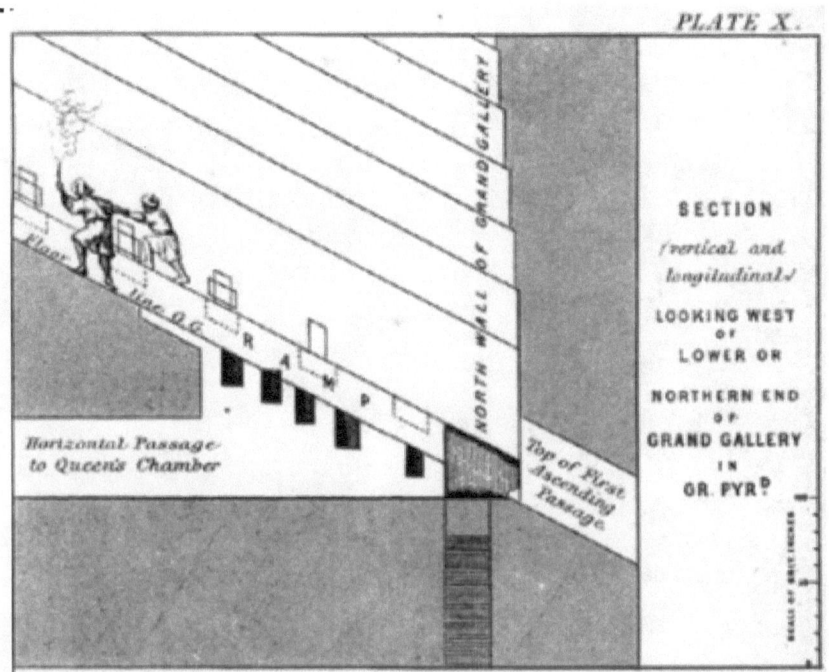

Figura 12: Entrada a la Cámara de la Reina.

Figura 13: El Pozo.

**Figura 14: Corredor Ascendente.**

Rodeando este obstáculo se entra en el segundo corredor el extremo del cual hay una especie de superficie horizontal. La entrada del pozo está a la derecha" **(Vyse, 1837: 270).**

### Cámara de la Reina:

"Al final del Corredor Ascendente empieza el Corredor Horizontal (5); dirigido en el plano del Corredor Ascendente, de la misma altura y anchura que los otros dos; tiene 38 metros de largo y conduce a la Cámara de la Reina (6), que está cubierta con un techo de losas en dos aguas (Ver Fig.:15).

Esta cámara, tiene 5,7 metros de largo por 5 de ancho y 6,3 metros de altura en su entrada; la piedra empleada en su construcción es piedra caliza, parecida a la de los corredores y obtenida de la misma cantera. La excavación, que se encuentra a la izquierda de la entrada, no indica ninguna construcción especial, sino un hueco practicado por los árabes para buscar los supuestos tesoros" (Vyse, 1837: 270).

En las paredes Norte y Sur se visualizan las salidas de dos conductos descubiertos por Waynman Dixon en 1872. "Al observar una fisura en el muro sur de la Cámara de la Reina metió por ella un alambre hasta una gran profundidad he hizo que un obrero, Bill Grundy introdujera por allí una herramienta que llegó hasta una cavidad. Al continuar la excavación se pudo comprobar que era el extremo interior de un conducto cuadrado de ventilación. Procediendo de la misma forma en el lado opuesto descubrió un segundo conducto similar al primero.

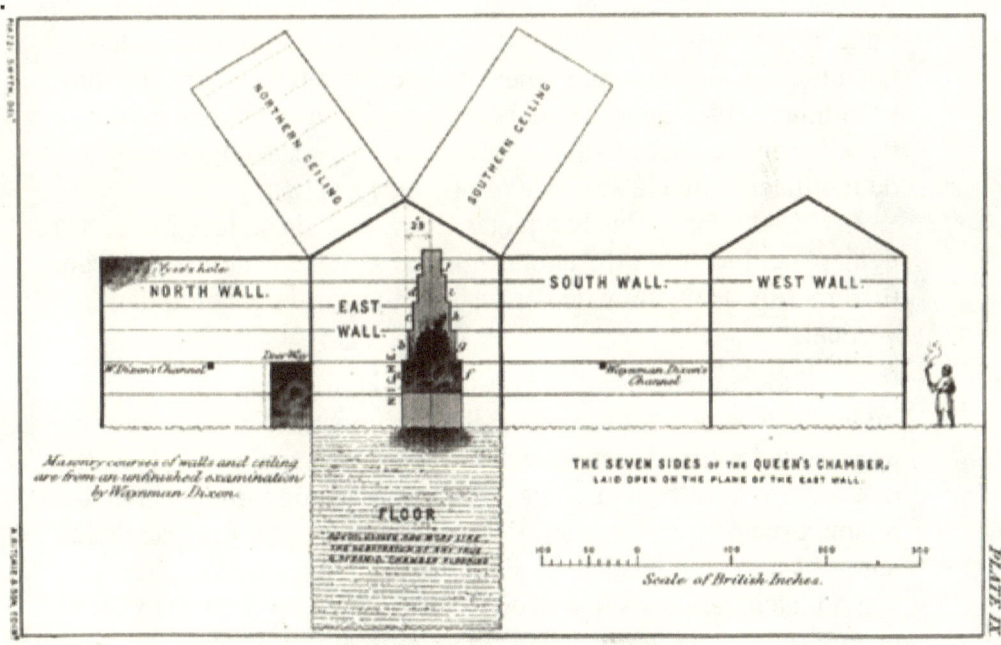

Figura 15: Cámara de la Reina.

Se interpretó que los constructores habían dispuesto dos conductos de ventilación para la Cámara de la Reina pero no los comunicaron con la cámara propiamente dicha. Dejaron intactas las últimas cinco pulgadas 0,12 metros, los extremos no se hallaban taponados, porque no mostraban junturas" (Smyth Piazzi, 1880).

Para Piazzi Smyth "la delgada placa de 0,12 metros era un resto hecho de forma muy habilidosa en un trozo de gran bloque que formaba parte de ese muro por cada lado" (Smyth Piazzi, 1880). En el interior del conducto Sur encontró un gancho de bronce y en el conducto norte una bola de granito y un trozo de madera.

### La Gran Galería:

Según Coutelle: "Desde la entrada exterior del Canal Horizontal, o desde el rellano que le precede, se sube por la prolongación del segundo corredor hasta la **Gran Galería (8)** que tiene 40,5 metros de longitud, 8,12 metros de altura y 2,19 de anchura. En cada lado hay unas banquetas de 0,57 metros de alto cada una, y 0,5 metros de ancho. El pasillo entre las banquetas tiene la misma anchura que las otras tres galerías, e igual grado de inclinación que la segunda (Ver Fig.:17 y 18).
Cada una de las banquetas tiene, en toda su longitud, 28 agujeros colocados a distancias iguales y de 0,32 metros de largo, 0,16 metros de ancho y de 0,16 a 0,21 metros de profundidad vertical.

Los muros laterales de esta galería, formados por ocho hileras colocadas en forma de salientes, constituyen una especie de bóveda terminada en un techo de la misma anchura del pasillo que separa las banquetas. Las piedras que la componen son de la misma especie que las galería precedentes. La cera que cae de las antorchas, el humo y el rozamiento de las manos de los que visitan las galerías les han dado un brillo y un tono que han hecho creer a muchos viajeros que estaban construidas de granito" **(Vyse, 1837: 271).**

PLATE XI.

VERTICAL TRANSVERSE SECTION
WITH ARABS ASCENDING
THE GRAND GALLERY. GR. PYR.ᴰ

VERTICAL TRANSVERSE SECTION
WITH ARABS DESCENDING
THE GRAND GALLERY. GR. PYR.ᴰ

Figura 16: La Gran Galería.

Figura 17: La Gran Galería vista desde la pared Norte.

**La Antecámara:**

Según Coutelle: "Al llegar a la parte alta de esta galería, sobre una superficie plana de 1,5 metros de profundidad, de una altura y anchura iguales a las de la galería, se entra por una abertura de 1 metros de anchura, por 1,1 metros de alto y 1,3 metros de profundidad y allí hay una especie de vestíbulo llamado **Antecámara (9)** de 3,8 metros de altura, 1,2 metros de anchura y 2,9 metros de profundidad" **(Vyse, 1837: 271)** (Ver Fig.:19).

La Antecámara tiene, sobre sus paredes laterales, tres correderas, que parecen haber tenido la finalidad de retener los bloques de granito, destinados a cerrar la entrada de la cámara sepulcral.

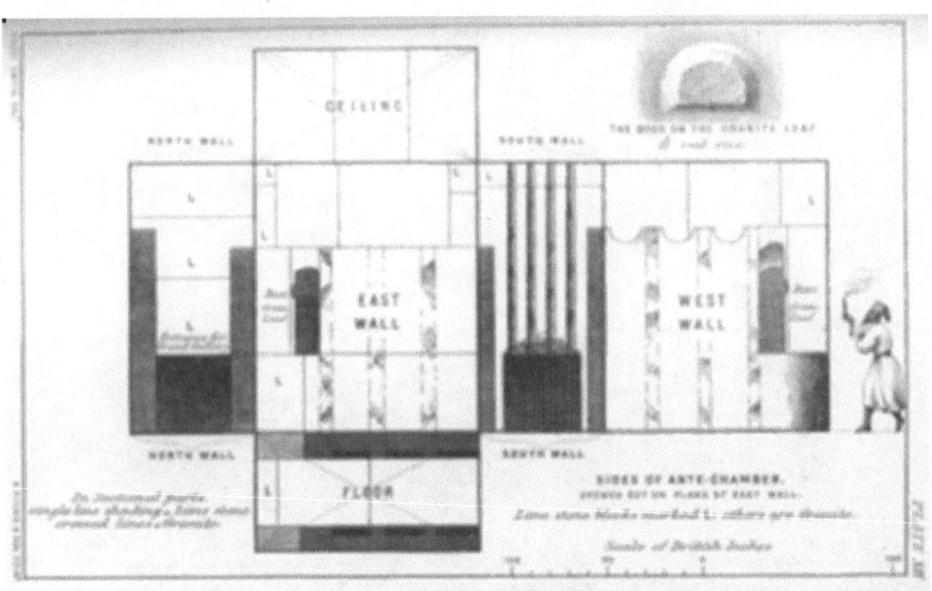

Figura 18: Vista desplegada de la Antecámara.

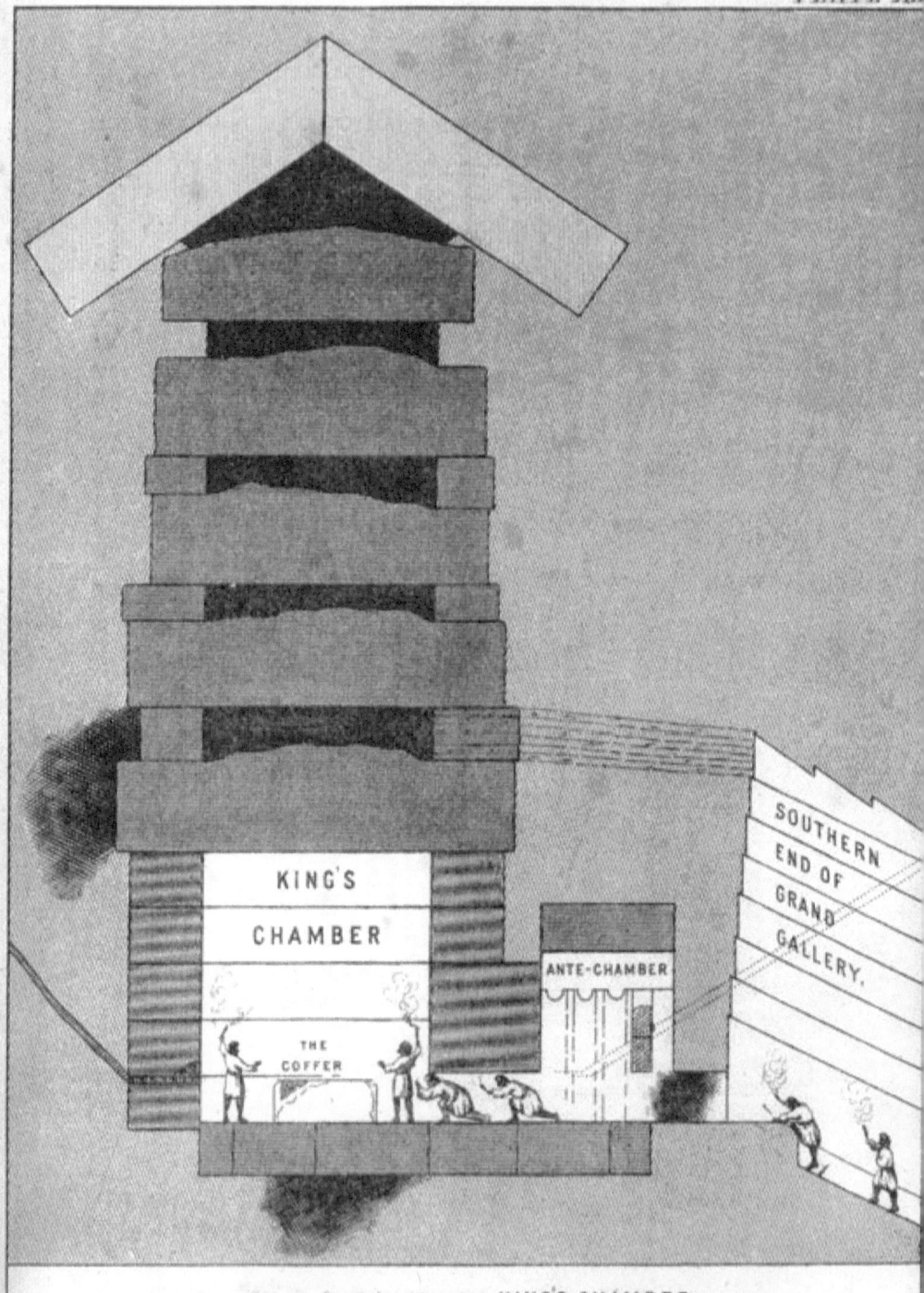

PLATE XI.

VERTICAL SECTION *(Looking West)* OF KING'S CHAMBER; ALSO OF
ANTE-CHAMBER, SOUTH END OF GRAND GALLERY, AND VYSE'S HOLLOWS OF
CONSTRUCTION, ABOVE KING'S CHAMBER. CROSSED LINES INDICATE GRANITE.

**Figura 19: Cámara del Rey y Antecámara.**

*Scale of British Inches*

Figura 20: Conducto en la Cámara del Rey.

## Cámara del Rey:

Según Coutelle: "En el centro, de frente y sobre el eje de la galería, una abertura de 1 metros de ancho por 1,1 de alto y 2,5 de largo, permite la entrada a la **Cámara del Rey (10)** para la que parecen haberse hecho todas las construcciones de la pirámide entera (Ver Fig.:20).

Esta cámara, así como toda la parte que está detrás de la entrada del vestíbulo, fue edificada con grandes bloques de granito, perfectamente alineados y pulidos. Aquí sus dimensiones: altura, 5,8 metros; longitud del lado Norte 10,4 metros, del lado Sur, 10,4 metros; anchura del lado Oeste 5,2 metros, del lado Este, 5,2 metros. El lado Sur se desploma 18 milímetros, lo que reduce en otros tantos la anchura del techo. La dimensión mayor de esta cámara es de Este a Oeste.

El sarcófago de granito, colocado de Norte a Sur, en el extremo Oeste de esta estancia tiene 2,3 metros de largo por 1 de ancho y 1,1 de alto; su espesor es de 6 pulgadas. La tapa, que parece haber sido rota y de la que no se han encontrado los fragmentos, debió tener 162 y 217 milímetros de espesor, si juzgamos a tenor de los sarcófagos hallados en otros lugares de Egipto" **(Vyse, 1837: 271)** (Ver Fig.:21 y 22).

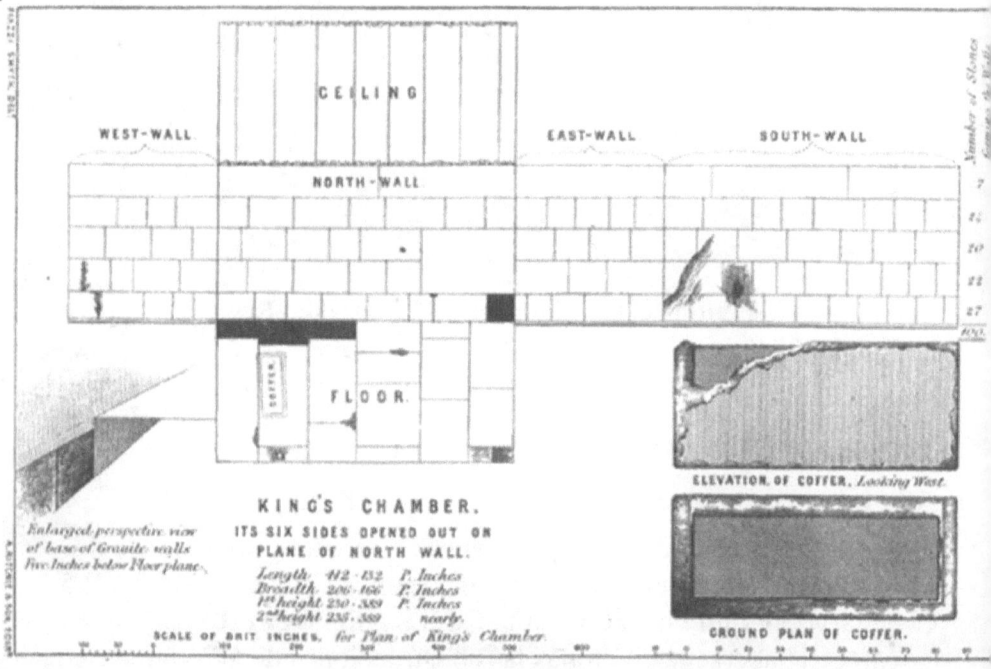

**Figura 21: Vista desplegada de la Cámara del Rey.**

Figura 22: Cámara del Rey

# Capítulo II

# Cierre del Corredor Ascendente

La entrada de la Gran Pirámide, se ubicó debajo de los bloques del revestimiento como era tradicional.
Las investigaciones realizadas por Flinders Petrie confirman este punto al no detectar vestigios de bloqueado (obstrucción mediante bloques tapón) en su corredor de entrada. **(Petrie 1883:125)**.
Sin embargo, el cierre de la Gran Pirámide es inusual al ser completado con un procedimiento innovador, consistente en bloquear un corredor interior (el corredor ascendente) utilizando bloques de granito. La manera en que se realizó este bloqueado dio origen a diferentes interpretaciones.

**Almacenamiento de los bloques tapón:**

Después de medir con suma precisión la distribución interior de la Gran Pirámide, Flinders Petrie pasó a analizar el bloqueado del corredor ascendente.
Persuadido de que éste bloqueado fue realizado **deslizando los bloques tapones desde la Gran Galería,** se dispuso a determinar la ubicación en la cuál estos bloques pudieron ser almacenados antes del cierre. Consideró entonces los lugares factibles de contener esos bloques y la manera en que pudieron ser ingresados hasta esa posición. Concluye en que el único lugar posible para ubicarlos, fue **sobre el piso inclinado de la Gran Galería**, donde fueron depositados **durante la construcción de la pirámide**.
Sin embargo, y pese a que percibe este punto con claridad, Petrie duda de su conclusión, al observar que la Gran Galería es el paso del cortejo fúnebre hacia la Cámara del Rey. Los bloques tapón al ser almacenados sobre el piso de la galería, habrían sido un obstáculo injustificable en el ceremonial de sepultura del faraón **(Pochan 1979,36)**.
"Pero entonces nos encontramos con un hecho extraordinario, que el acceso a la Cámara del Rey, fue trepando por sobre los bloques tapones, ya que estaban almacenados en la Gran Galería, o subiendo por las banquetas a ambos lados de ellos. Sin

embargo, como existe la imposibilidad física de que los bloques hubieran sido almacenados en otro lugar antes de deslizarlos al interior del corredor, quedamos varados en este punto." **(Petrie 1883:216)**

Según G.Goyon, los bloques tapón fueron retenidos en el piso de la Gran Galería utilizando maderos, como se ilustra en la figura 23. Esta explicación da cuenta de los huecos rectangulares tallados sobre las banquetas y en las paredes. Al ser la base de la Galería más ancha y estar construida en forma de bóveda, se justifica también la gran altura alcanzada en su construcción.

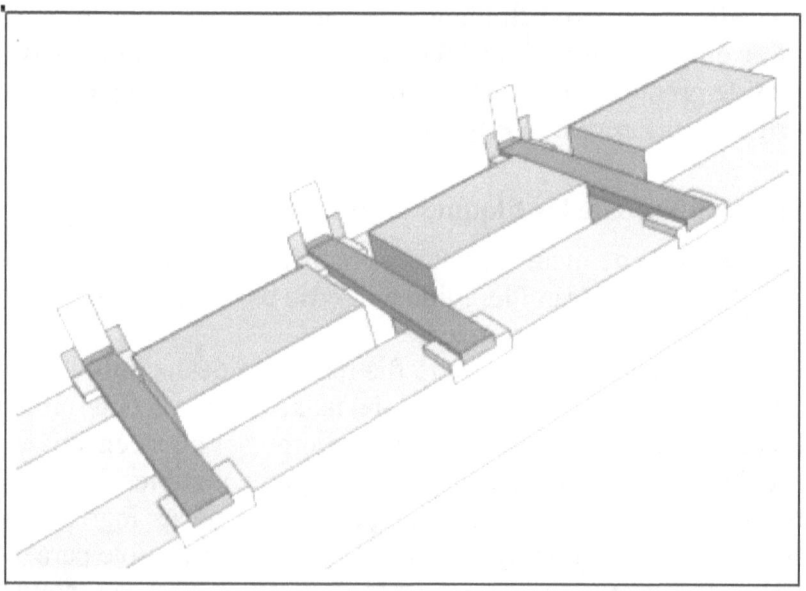

**Figura 23: Sujeción de los bloques tapón según Goyon**

Según Edwards, "Cuando Borchardt acepta la tesis de Petrie según la cual los bloques fueron almacenados en el piso de la Gran Galería", lo hace observando que ella no rinde cuentas de la existencia de agujeros rectangulares sobre las banquetas, y en las paredes, así como la ranura existente a la altura de la tercera disminución de los muros laterales **(Edwards 1993: 103)**.

Considerando estas características que presenta la Galería, Borchardt sugirió la existencia de una plataforma hecha en madera sobre la cuál los tres tapones fueron transitoriamente almacenados.

Esta plataforma se encontraba a la altura de las ranuras existentes en las paredes a la altura de la tercera disminución. Dicha plataforma se apoyada en soportes que estaban alojados dentro de las ranuras existentes en las banquetas y sujetos a los agujeros verticales tallados en las paredes. Según ese escenario, el cortejo fúnebre pasó sin obstáculos debajo de los tapones, los cuales fueron posteriormente descendidos desde la plataforma y deslizados dentro del corredor ascendente para su bloqueado.

Edwards objeta esta propuesta de Borchardt, por entender que está abierta a claras objeciones, al "no considerar la formidable dificultad mecánica envuelta en el trabajo de descender los pesados bloques de 4,6 metros desde la plataforma hasta el piso de la galería". Entiende además que las ranuras en las paredes son más apropiadas para contener vigas de madera que sujeten los bloques de granito sobre el piso de la galería (ver propuesta de Goyon), para evitar que éstos se deslicen prematuramente **(Edwards 1988:108)**.

Lauer, en general está de acuerdo con la idea de Borchardt consistente en que una estructura de madera existió dentro de la Gran Galería, pero considera que estaba destinada a un propósito diferente.

Opina que originalmente se pensó en bloquear el corredor ascendente en toda su longitud, pero esta idea debió ser abandonada por ser impracticable, reduciendo el bloqueado a tres o cuatro bloques.

Según Lauer los bloques de granito sobrantes fueron utilizados en la construcción de la Cámara del Rey. Entonces una estructura de madera combinada con el empleo de cuerdas hizo posible la maniobra de subir los bloques desde el piso de la Gran Galería hasta la Cámara del Rey, lo cual explica la existencia de las ranuras sobre las banquetas y paredes de la galería.

Lepre opina que Borchardt no describe en detalle la plataforma ni como ella se ajusta a las características arquitectónicas existentes en la galería. Comparte la opinión de Edwards respecto a la dificultad existente en bajar los bloques de la plataforma. "Como resultado, la teoría no es ni práctica ni viable, y el sistema propuesto por él, no se puede ejecutar con algún grado de exactitud o éxito."

Considera además que los 150 pies (45,72 m) de largo que tiene la plataforma no son necesarios para almacenar tres bloques de granito con un largo de 15 pies (4,5 m).

Propone en lugar de la plataforma, un techo formado por un panel de madera con incrustaciones de oro simulando el cielo.

Interpreta que las marcas de cincel existente en esta ranura estarían indicando que este panel fue removido por los saqueadores, debido a que era de valor, pudiendo haber poseído por ejemplo incrustaciones de oro que simulaban estrellas. **(Lepre 1990: 82).**

**Salida de los trabajadores:**

Según Edwards: "Desde el momento en que el primer tapón fue introducido dentro del Corredor Ascendente, los trabajadores que estuvieron a cargo de la tarea de colocar los tapones en su posición final, **habrían quedado atrapados sin poder salir de la pirámide**. Sin embargo estaba previsto un medio para salir por el conducto de servicio que conecta la parte baja de la Gran Galería con el Corredor Descendente......." **(Edwards 1988: 111).**

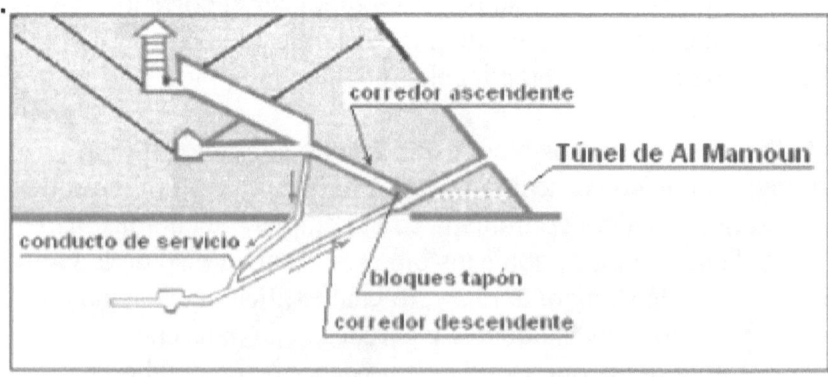

Figura 24: Salida de los trabajadores luego del bloqueado

Esta propuesta, según la cual el conducto de servicio fue excavado para que pudiera salir de la Gran Galería la cuadrilla que realizó el bloqueado del corredor ascendente, es contraria al objetivo de hacer un cierre efectivo en la pirámide. Resulta contradictorio que la concreción del bloqueado requiriera la excavación de un conducto que lo rodea y lo hace así inoperante. El mismo conducto que permitiría a los trabajadores salir de la Gran Galería, habría posibilitado a los saqueadores rodear la obstrucción del corredor ascendente y alcanzar la Gran Galería sin obstáculo alguno.

**Considerando las medidas:**

La propuesta de almacenar los bloques tapón en la Gran Galería y su posterior deslizamiento dentro del corredor ascendente, ha sido objetada por diversos autores, debido a que las medidas no concuerdan con las conclusiones a las que se arriban.

**El piso de la Gran Galería:**

De las mediciones se deduce que la distancia entre las dos guías de piedra en el piso de la Gran Galería y los bloques que hubieran sido depositados allí, **tiene una holgura insuficiente e inclusive negativa por lo cual esos bloques habrían quedado atascados**.

| Dist. de la pared Norte | Dist. entre guías de piedra | Holgura |
|---|---|---|
| 30" | 42,1" | 0,5" |
| 150 " | 41 " | -0,6" -15 mm |
| 264,1" | 41,8" | 0,2" |
| 400" | 42,4" | 0,8" |
| 700" | 42,4" | 0,8" |
| 1000" | 42,1" | 0,5" |
| 1300" | 42,3" | 0,7" |

(Petrie 1883: cap7: 65)

Efectivamente, las dimensiones del tapón de granito que se encuentra en la posición más alta dentro del corredor ascendente, mide 41,6 pulgadas de ancho y 47,3 pulgadas de alto.

Según Petrie y Smyth el ancho del piso de la Gran Galería o lo que es lo mismo, las distancias entre las guías de piedra son:

| Dist. de la cara Norte | Dist. entre guías de piedra | Holgura |
|---|---|---|
| 76" | 41,6" | 0 |
| 124" | 41,4 " | -0,2" - 5mm |
| 152" | 41" | -0,6" -15mm |
| 185" | 41" | -0,6" -15mm |
| 214" | 41" | -0,6" -15mm |
| 222" | 41,3" | -0,3" -7,6mm |
| 263" | 41,8" | 0,2" |

(Smyth 1867: 51)

En ambas mediciones se detectan sectores en que la distancia entre las guías de piedra son menores que el ancho del

Figura 25: Ranura sobre el escalón

bloque tapón, por lo cual nunca pudo haber sido depositado allí. La propuesta de Goyon para sujetar los bloques tapón (Ver Fig.:23), presenta la dificultad adicional de que los bloques tapón son más largos que la distancia existentes entre las cavidades talladas en las paredes y sobre las guías de piedra.

Además las ranuras talladas en las paredes son verticales y no perpendiculares a las guías de piedra como deberían ser, para sujetar los bloques y luego poder liberarlos.

Existen por otra parte, cavidades talladas sobre el gran escalón en lo alto de la Gran Galería, con las mismas dimensiones que las talladas sobre las banquetas. La existencia de estas cavidades sobre el escalón no son explicadas por el sistema de sujeción propuesto por Goyon y si son necesarias para la plataforma sugerida por Borchardt (Ver Fig.:25).

**Sección del corredor ascendente:**

El corredor ascendente se encuentra deteriorado debido a los trabajos realizados por el califa Al Mamun para remover el bloqueado allí existente. Sin embargo en aquellos lugares en que las medidas se conservan, se llega a conclusiones similares que las del piso de la Gran Galería, según las cuales la holgura entre los bloques tapón y el corredor, es insuficiente y en algunos sectores inclusive negativa.

| Distancia desde la entrada | Ancho | Holgura | Altura | Holgura |
|---|---|---|---|---|
| 260" | 41,5" | - 0,1" | 47,2" | - 0,1" |
| 1540" | 42,1" | 0,5" | 47,5" | 0,2" |

(Petrie 1883: cap.7:65)

### La Pirámide Satélite:

Como antecedente del bloqueado del corredor ascendente en la Gran Pirámide existe el realizado en la pirámide satélite de la pirámide acodada (Ver Fig.:26).

En la pirámide satélite, un conjunto de bloques tapón fueron depositados en la prolongación del corredor ascendente. La cantidad de bloques utilizados fue de 3 o 4 a juzgar por la longitud del lugar donde estaban almacenados o bien por la distancia del corredor a bloquear.

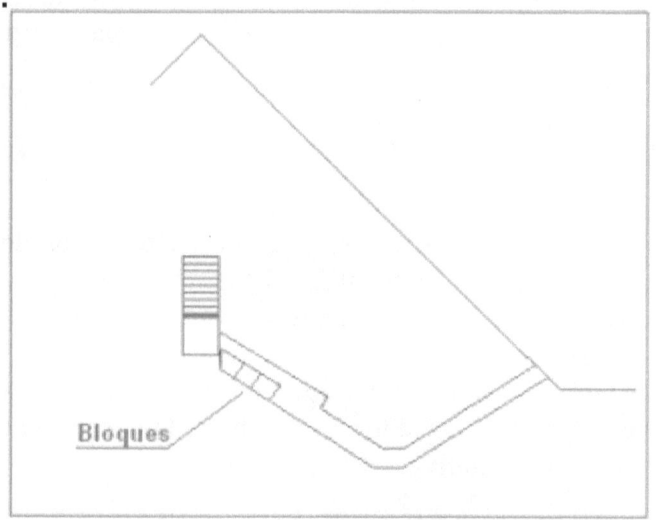

**Figura 26: Pirámide Satélite en Dashur**

Se supone que el dispositivo utilizado para accionar el bloqueado consistía en retirar mediante una cuerda, desde el corredor de entrada, un madero corto que sostenía el primer bloque en su posición. Accionado el mecanismo, los bloques descenderían al interior del corredor, bloqueándolo.

El bloqueado de este corredor resultó fallido, si consideramos que la mayoría de los bloques permanecen aún en su posición inicial. Puede interpretarse también que en lugar de un bloqueado fallido hay aquí una estrategia exitosa, si consideramos que los bloques resistieron en su posición inicial movimientos sísmicos y el transcurso de los milenios.

Desconocemos si los bloques que descendieron, atravesaron el corredor o quedaron atascados en su recorrido. La holgura de los bloques es mayor que en la Gran Pirámide (1,2 pulgadas) sin interferencias, y también es más acentuada la pendiente sobre la cual se deslizaron los bloques (32,5 grados). Sin embargo aún en ese escenario el bloqueado falló. Quienes objetan esta idea consideran que los constructores no habrían reproducido en la Gran Pirámide este cierre fallido, en una escala mayor y en condiciones de ejecución más improbables aún.

**Interpretaciones sobre el bloqueado:**

Observando el diseño interior de la Gran Pirámide, percibimos claramente que los bloques tapón fueron almacenados en la Gran Galería y deslizados desde allí al interior del corredor ascendente. Si alguna duda hubiera respecto a esto, el antecedente de la pirámide satélite termina por convencernos.

Sin embargo, cuando analizamos las mediciones realizadas y revisadas, vemos que los tapones de granito no pudieron ser almacenados en el piso de la Gran Galería porque existen sectores en los que quedarían atascados. Dichos bloques tampoco fueron deslizados dentro del corredor ascendente porque habrían quedado atorados antes de llegar a su posición actual. Observando el esfuerzo desplegado para realizar esta obra, resulta tan incomprensible como innecesario que adoptaran un sistema de cierre cuya concreción era improbable y que ponía en riesgo el éxito del proyecto.

Según Lepre: "Cuando consideramos el tremendo tamaño y peso de esos bloques, la distancia que ellos tuvieron que viajar en su descenso, y la precisión con la que habrían sido deslizados teniendo casi cero tolerancia en su lugar final de descanso, sin que se hubieran atascado, es realmente asombroso para comprender." **(Lepre 1990: 75).**

Según G. Dormion : "Finalmente regresando a los elementos del corredor que más nos intriga: los tres bloques tapones que imaginamos largo tiempo almacenados en la Gran Galería antes de ser deslizados dentro del corredor. Hemos verificado la sección del corredor: en un lugar el corredor es más estrecho que los tapones; ellos fueron muy probablemente colocados allí durante la construcción, aparentemente no pudieron ser almacenados en la Gran Galería, ni deslizados desde allí." **(Dormion 1986, 92).**

Según Bruchet, los bloques tapón fueron colocados durante la construcción del corredor ascendente, quedando cerrada la pirámide desde su edificación, debido a que no es una tumba sino un cenotafio. **(Pochan 1979: 34).**

Según Lepre, estos bloques tapones encajan en el corredor tan estrechamente que muchos autores han concluido que fueron colocados in situ en el momento de la construcción del corredor **(Lepre 1990: 75).**

Nota: Durante la I Dinastía (costumbre que se extendió en el tiempo), los faraones se hacían construir dos tumbas, una en el Alto Egipto y otra en el Bajo Egipto. Asimismo tenían dos bastones de mando, su corona simbolizaba los dos reinos, realizaban rituales dobles, etc. Necesariamente solo pudieron utilizar una de las tumbas, la otra era una tumba vacía que cumplía la función de cenotafio.

**La pirámide abandonada:**

La colocación del bloqueado en el corredor ascendente de la Gran Pirámide presenta ventajas estratégicas respecto a una obstrucción que se hubiera colocado en la entrada de la pirámide.

Esta última es un obstáculo inefectivo para detener a los saqueadores. Una vez detectada la entrada bajo el revestimiento sería removida la obstrucción o bien rodeada mediante una excavación en la piedra caliza más blanda de las paredes del corredor.

En la Gran Pirámide se optó por realizar un cierre estratégico lo cual es claramente más efectivo que un simple obstáculo físico. El bloqueado se colocó en el corredor ascendente quedando oculto sobre el techo del corredor descendente. Quienes pudieran detectar la entrada de la pirámide debajo del revestimiento, al ingresar por el corredor descedente llegarían a la cámara subterránea. De esta forma, visualizarían únicamente lo que es la distribución interior de una pirámide tradicional, formada por el corredor descendente y su cámara subterránea.

La cámara subterránea inacabada da el aspecto de una pirámide abandonada, en la que los saqueadores desorientados no encontrarían motivos para continuar su búsqueda.

Las pirámides son tumbas concebidas para resistir los intentos de profanación en la eternidad. Junto con la evolución constructiva también se perfeccionaron las estrategias defensivas. El bloqueado del corredor ascendente es una decisión que pone en evidencia **la astucia e ingenio desarrollado por los constructores en su propósito de hacer tumbas seguras.** En lo referente a la manera en que se hizo el bloqueado, ocurre algo similar, que nos revela la existencia de una estrategia. Por alguna razón estratégica el escenario creado induce a pensar que los bloques fueron deslizados desde la Gran Galería, cuando ello no fue posible. Se le está asignando una función a la Gran Galería que nunca cumplió, probablemente para ocultar el verdadero propósito que motivó su diseño e inclusión en el proyecto.

En el Capítulo VI desarrollaré mi opinión sobre la forma en que se realizó este bloqueado, conforme con las evidencias antes mencionadas.


**Apertura del corredor ascendente:**


La **entrada actual** a la Gran Pirámide se encuentra por debajo de la original, en el eje central de la cara Norte. Es un túnel que según los escritos de historiadores árabes, fue excavado por los herreros del Califa Al Mamun en el año 1654 de nuestra era. Según estas versiones, el túnel fue realizado porque se desconocía la ubicación de la entrada original, debido a que estaba oculta debajo del revestimiento. La figura 27 ilustra el recorrido seguido por la excavación del Califa Al Mamun. El túnel excavado intercepta el corredor ascendente como si el interior de la pirámide hubiera sido conocido por quienes determinaron la ubicación y dirección de la excavación.

Según algunos autores árabes, durante la realización de este túnel y cuando estaban a punto de abandonar la excavación, se produjo el desprendimiento de un bloque en el interior de la pirámide. El sonido producido por ese bloque al desprenderse les hizo cambiar la dirección de la excavación de tal forma que interceptaron exactamente el corredor ascendente. Sin embargo probablemente esta sea una interpretación elaborada en tiempos posteriores. El sonido de la caída de un bloque dentro de esta gran masa de piedra difícilmente habría podido orientar a los trabajadores.

La técnica utilizada para romper la piedra durante la excavación del túnel, consistía en calentar los bloques con barras de hierro candente que luego eran enfriados rápidamente con agua, lo cual producía su fractura.

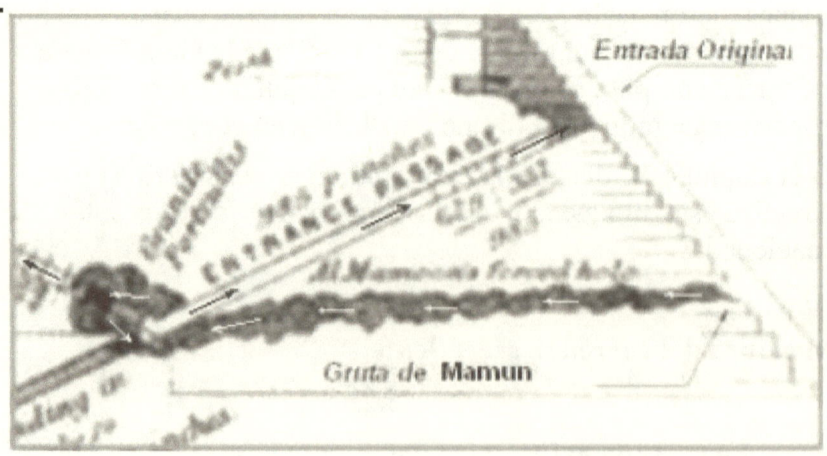

Figura 27: Excavación de Al Mamun

En la figura 27 se observa  la excavación realizada por el Califa Al Mamun hasta llegar al corredor ascendente (flechas blancas), su bajada al corredor descendente hasta llegar a la entrada (flechas rojas) y la continuación de la excavación por el corredor ascendente hacia la Cámara del Rey.

Una vez interceptado el corredor ascendente, Al Mamun excavó en las dos direcciones del corredor. En la excavación hacia abajo, alcanzó el corredor descendente y desde él la entrada de la pirámide. Luego de remover el bloqueado en el corredor ascendente  llegó hasta la Antecámara y después de abrirla, ingresó en la Cámara del Rey.
Estos trabajos penosos realizados por Al Mamun, finalizan según versiones históricas, descubriendo la cámara funeraria vacía.

"Al Mamun abrió una brecha en esta pirámide, y descubrió un corredor que conduce, por un camino inclinado, a una cámara de forma cúbica; en el suelo había un féretro de mármol, que sigue todavía en aquel lugar, pues nadie ha podido sacarlo…..(Alí Ben Raduán)(Pochan 1979,78)".

# Capítulo III

# Evolución de las Pirámides

La evolución constructiva experimentada en las pirámides egipcias, alcanza su máximo esplendor con la construcción de la Gran Pirámide.

En esta evolución, se identifican cinco avances constructivos que marcan los progresos experimentados y que hicieron posible la realización de esta obra maestra.

Primer Avance              Segundo Avance              Tercer Avance
Mastaba              Pirámide Escalonada              Pirámide Lisa

Figura 28: Evolución de las Pirámides

Cuarto Avance

**Pirámide Verdadera**

Quinto Avance

**Gran  Pirámide**

# Primer Avance Constructivo

# La Mastaba

# La Mastaba

Las sepulturas de los faraones, nobles, sacerdotes y militares utilizadas durante las primeras dinastías se denominan Mastabas por su semejanza en la forma con los bancos utilizados en las plazas de los pueblos egipcios.

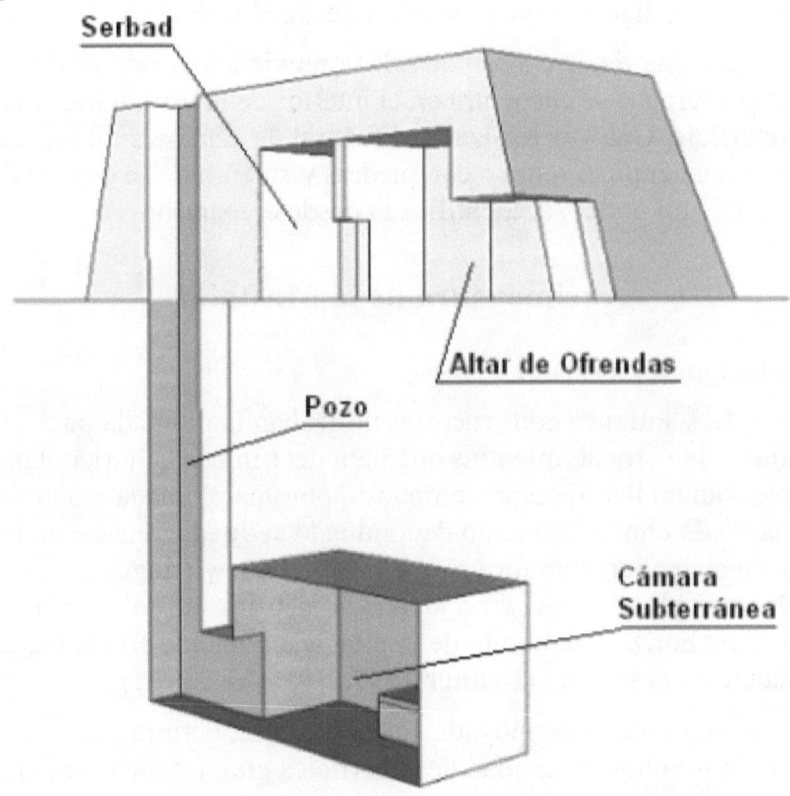

**Figura 29: Vista en corte de una Mastaba**

Figura 30: Mastaba El-Faraun.

En las Mastabas se identifican dos sectores, uno construido sobre la superficie del terreno y otro excavado. En el nivel bajo la superficie, se ubica la cámara subterránea a la cual se accede mediante un pozo vertical desde el techo (Ver Fig.:29).

El altar de ofrendas y la sala conteniendo la estatua del difunto (Serbad) se encuentra en el interior de la estructura, sobre la superficie. Una vez realizado el funeral, la cámara subterránea era cerrada, el pozo relleno con piedras y su entrada se cegaba de manera de no poder ser identificada desde el exterior.

## Agrimensura de la Mastaba

### Nivelación del terreno:

Los antiguos constructores utilizaban la plomada para chequear la vertical, mientras que para determinar la horizontal, empleaban un instrumento compuesto por una plomada y una escuadra. Dicho instrumento denominado **sequed**, consiste en un soporte de madera con forma de escuadra en cuyo ángulo recto cuelga una plomada. Al ser apoyado el instrumento sobre una superficie horizontal, el hilo de la plomada coincide con la marca existente en el soporte **(Lehner 1997:210)** (Ver Fig.:31).

Si este instrumento es apoyado sobre cordeles, permite determinar la horizontalidad de superficies grandes, como es el terreno sobre el cual se construye la base de una mastaba. El empleo de cordeles es un procedimiento que ha sido utilizado por constructores desde la antigüedad y su uso se ha mantenido incambiado en el tiempo. Los cordeles usualmente son apoyados sobre postes enclavados en el suelo y tensados para evitar que se

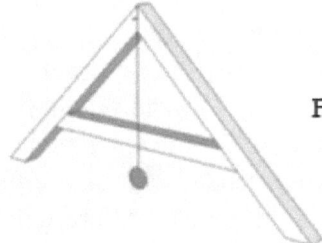 Figura 31: Instrumento para Nivelar

curven por su propio peso. Postes adicionales pueden ser colocados a intervalos regulares como apoyos intermedios.

Otro procedimiento propuesto para la nivelación del terreno consiste en inundar el lugar y utilizar la superficie del agua como referencia para cincelar la piedra.

**Trazado de la línea de referencia:**

La primera línea que es necesario trazar la denominaremos línea de referencia, porque a partir de ella se obtendrá el cuadrado de la base con sus ejes y de allí el resto de la estructura, encontrándose orientada en la dirección Norte – Sur.

El método más aceptado por los especialistas para obtener esta orientación, consiste en colocar un poste en posición vertical y marcar la sombra que produce antes y después del mediodía a intervalos de tiempo iguales. La bisección del ángulo formado por las sombras del poste marca la posición del Norte verdadero **(Smith 2006:80)**.

El Norte verdadero también puede ser determinado por la salida y puesta del sol u otra estrella, respecto al centro de un círculo desde el cual es observada. La bisección del arco formado en el círculo indica el Norte verdadero **(Edwards 1993:251)**.

Un procedimiento más sencillo consiste en marcar la sombra más corta que produce el poste en el transcurso del día. Dicha sombra corresponde al denominado mediodía solar y ocurre cuando el sol alcanzó la máxima **elevación**[1] del día encontrándose en el punto cardinal Sur (**azimut**[2] 180 grados)

---

[1] **Elevación:** es el ángulo medido entre la dirección del sol y el horizonte.

proyectando la sombra del poste en dirección Norte. Uniendo los puntos de sombra más corta obtenidos en el transcurso de varios días en que la sombra se va desplazando, se tiene una línea orientada según la dirección Norte – Sur. Reiterando el procedimiento analizado anteriormente, el trazado de la línea base se hace mediante un cordel, apoyando sus extremos en postes enclavados en el suelo y siendo tensado mediante pesas. Se verifica la correcta orientación de la línea de referencia, mediante el método de la sombra aplicado a diferentes puntos de la línea.

**Trazado de la base:**

Una vez obtenida la línea de referencia, se dibuja a partir de ella el cuadrado de la base y sus respectivos ejes, para lo cual es necesario trazar líneas perpendiculares con precisión. El método más aceptado por los especialistas consiste en el uso del triángulo 3, 4, 5 **(Lehner 1997:213)**.

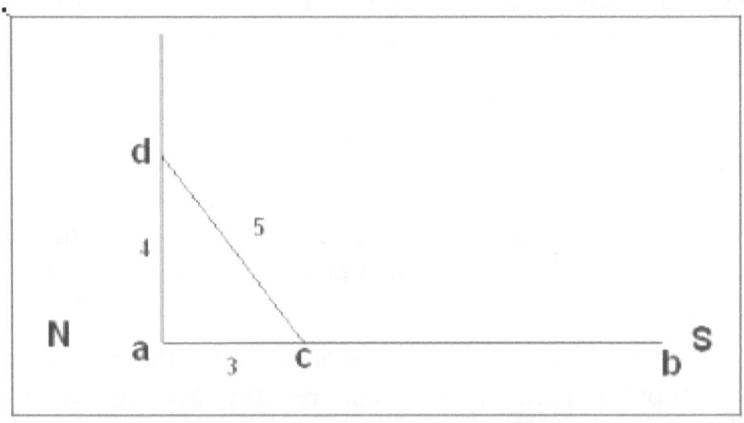

Figura 32: Trazado del cuadrado de la base

Utilizando un cordel de 12 unidades de largo, se sujeta el mismo a una estaca ubicada en el punto "a", midiendo 3 unidades sobre la línea base se obtiene el punto "c". El punto "d", se determina

---

[2] Azimut: es el ángulo medido sobre el horizonte que forman el punto cardinal Norte y la proyección vertical del sol sobre el horizonte, medido en dirección horaria.

extendiendo el cordel 5 unidades y su ubicación queda perfectamente determinada al colocar el extremo del cordel en el punto "a". Uniendo el punto "a" con el "d" se obtiene la línea a-d, perpendicular a la línea base a-b (Ver Fig.:32).

Empleando el mismo procedimiento se traza la línea opuesta que completa el lado Norte de la base. Las longitudes se miden mediante una vara cuyo largo está establecido en codos reales.

Obtenido el cuadrado de la base, se pasa a trazar las diagonales, siendo medidas para corroborar que la forma del cuadrado es correcta, o bien se realizan las correcciones del caso.

## Medición de la pendiente de las caras:

La forma de cada esquina de la mastaba queda determinada por medición de la altura "h" y el retiro "a" (Ver Fig.: 33). Durante la construcción de una mastaba, al colocar una nueva hilada de bloques o ladrillos, se determina primero la ubicación del punto central O´, que se obtiene por proyección del punto O, sobre la vertical, mediante el uso de una plomada. (Ver Fig.: 34).

De igual forma se sube por proyección los puntos e-f-g-h, trazándose las diagonales y midiendo el retiro de la esquina sobre la misma diagonal, por ejemplo, distancia O´h.

Otra manera de dibujar las diagonales, es trazar el eje norte – sur sobre la superficie en construcción, utilizando el método de la sombra y desde este eje se obtienen las diagonales mediante el procedimiento del triángulo 3-4-5.

Construido el primer escalón, dejando el espacio necesario en el borde para contener la rampa utilizada para subir los bloques, se traza el siguiente escalón de menor tamaño. La verticalidad del eje central O-O` se mantiene utilizando como referencia el punto central O por el que pasa el eje de la pirámide, el cual es proyectado verticalmente en cada nuevo trazado utilizando una plomada.

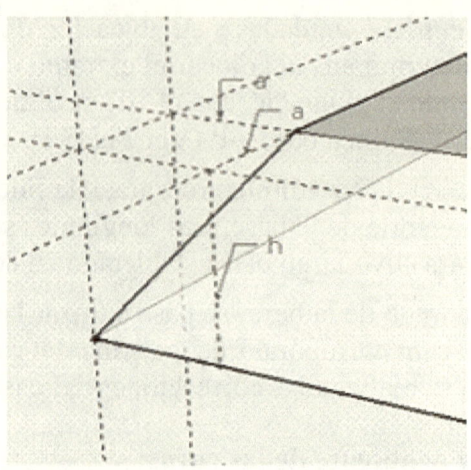

**Figura 33: Trazado de una esquina**

A su vez se proyectan verticalmente los puntos medios de las caras para mantener la orientación de la base en cada nueva hilada construida y se controla su nivelación. Los puntos medios de las caras se unen mediante una línea, utilizando un cordel tensado, obteniéndose así los ejes del cuadrado a partir de los cuales se trazarán las diagonales.

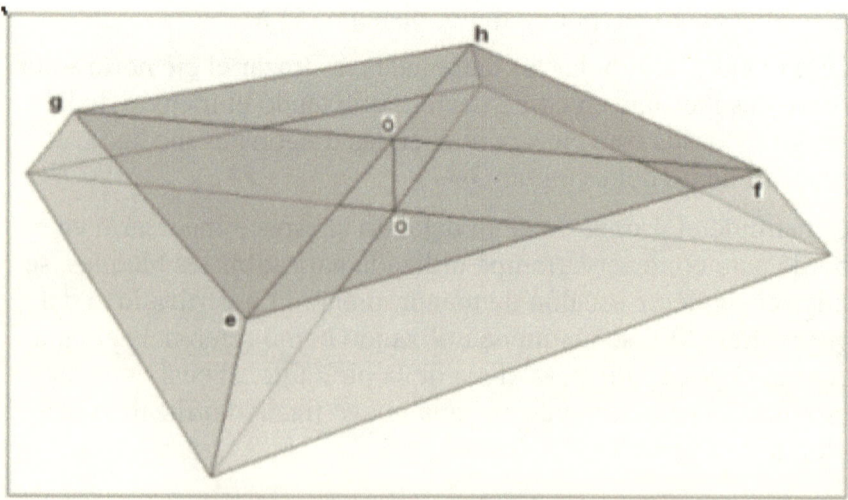

**Figura 34: Trazado de las aristas**

## Técnica de elevación de bloques

Las primeras mastabas eran construidas con ladrillo de adobe, durante la III dinastía se pasó a utilizar bloques de piedra caliza de similares dimensiones. En ambos casos podían ser cargados y trasportados por un hombre. Se requería de una calzada que comunicara el pie de obra con el sector en construcción, que consistía en una simple rampa probablemente incorporada a la propia estructura (Ver Fig.:35).

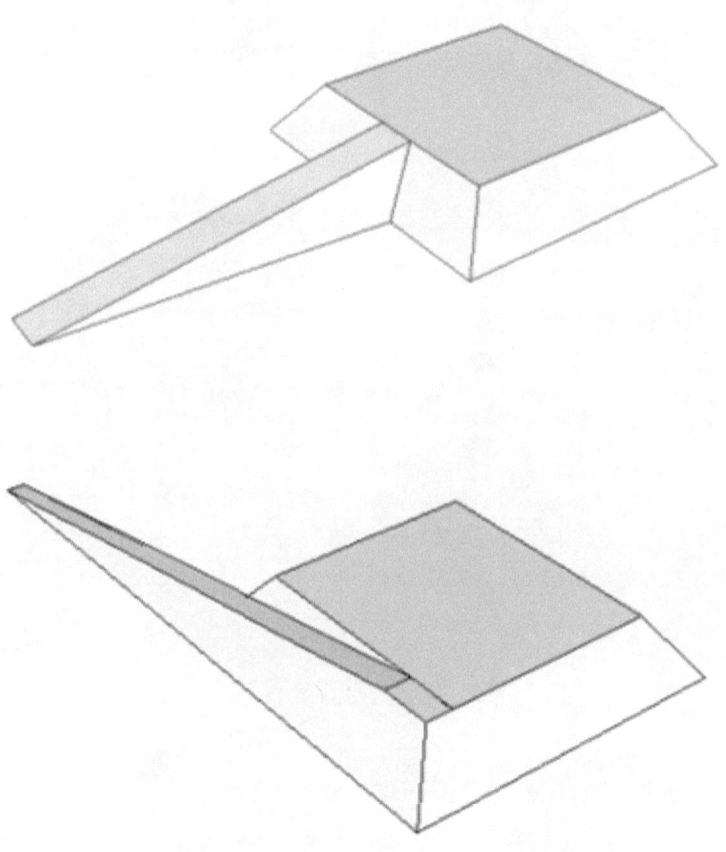

**Figura 35: Rampas rectas y su ubicación**

Posteriormente, las mastabas fueron construidas con bloques de mayores proporciones. Las losas que conforman el techo de las cámaras, así como la estructura misma, debieron ser trasladadas sobre un trineo arrastrado por una cuadrilla de obreros. En estos casos se requirió la construcción de una rampa recta accesoria, con una pendiente baja, que permitiera el desplazamiento del conjunto bloque-trineo sobre superficies lubricadas realizadas en madera, hasta alcanzar la altura deseada.

Segundo Avance Constructivo

La Pirámide Escalonada

# La Pirámide Escalonada

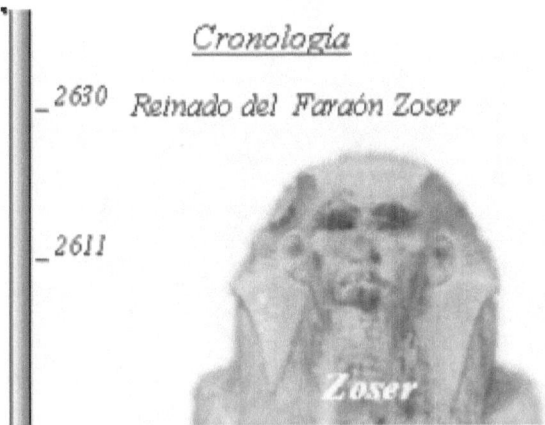

Figura 36: Faraón Zoser

La tumba del faraón Zoser es la primera pirámide construida en el Antiguo Imperio Egipcio y marca el comienzo en la evolución de las tumbas reales, desde las mastabas a las grandes pirámides.

Las mastabas se construían durante las primeras dinastías, con ladrillos de adobe, estando el uso de la piedra limitado a sectores aislados de las edificaciones. En la pirámide escalonada la edificación se realizó íntegramente en piedra y es con ella que se inicia el empleo de la piedra caliza a gran escala.

La construcción de esta pirámide, es adjudicada al sabio Imhotep, visir del faraón Zoser, considerado por Maneto como el inventor del arte de edificar en piedra **(Lehner 1997:84)**.

## Nacimiento de la pirámide

La pirámide escalonada es el resultado de sucesivas transformaciones. La mastaba **(1)** revestida con fina piedra caliza, fue transformada en pirámide escalonada **(2)** de cuatro escalones. Apoyada sobre esa pirámide escalonada inicial, se construyó la pirámide definitiva de seis escalones **(3)** (Ver Fig.:37).

Las altura de la pirámide así obtenida es de 60 m, mientras que los lados de la base miden 121 x 109 m. **(Edwards 993:37).**

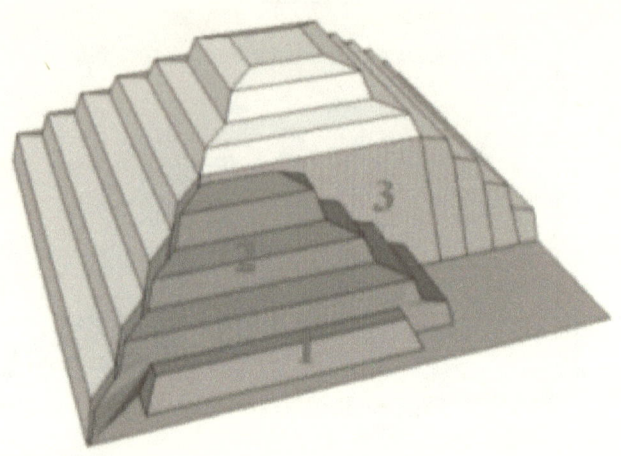

**Figura 37: Estados de la Pirámide Escalonada**

## Resolviendo la estructura

La estructura de la pirámide escalonada es considerablemente más alta que las alcanzadas en las mastabas construidas con ladrillos de adobe.

Los bloques de piedra caliza utilizados para su construcción, eran cortados de forma y tamaño similar al empleado en los ladrillos de adobe.

La estructura existente en las mastabas, compuesta por hiladas de ladrillos horizontales, fue modificada para permitir el incremento de la altura, sin que se produjeran fallos en la estructura. Para obtener estabilidad se recurrió al uso de una técnica innovadora, consistente en la acumulación de capas de bloques inclinadas y apoyadas sobre un macizo central (Ver Fig.: 39).

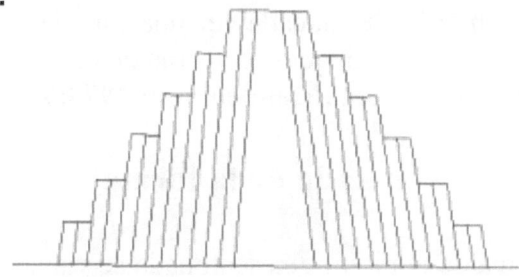

Figura 38: Acumulación de Capas

Las capas más altas y expuestas a curvarse por su peso, se encuentran en los sectores próximos al núcleo y son sostenidas por la presión lateral que le realiza el resto de las capas.
La forma de la pirámide escalonada, se obtiene como resultado de construir un núcleo central que es levantado gradualmente y en simultáneo con las capas inclinadas que son apoyadas sobre él.

Figura 39: Pirámide escalonada de Zoser

Al aumentar la altura, cada vez una cantidad mayor de capas de bloques son terminadas en forma de grada, obteniéndose así la estructura escalonada **(Mendelssohn 1974:79)**.

## Trazado de la forma

La forma de la pirámide escalonada se visualiza como un conjunto de mastabas superpuestas, cada una de las cuales conforman un escalón.

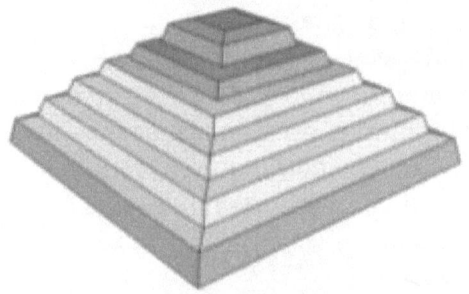

**Figura 40: Forma de la pirámide escalonada**

Cada escalón ocupa una superficie horizontal que está centrada en el eje vertical de la pirámide y disminuye gradualmente al aumentar la altura. La determinación de la geometría de la pirámide es obtenida mediante sucesivas mediciones en cada uno de estos escalones. Cada medición es comparable a la realizada para construir una mastaba formada por un único escalón

## Técnicas de elevación de bloques:

Los bloques necesarios para la construcción de una pirámide escalonada, eran elevados en cantidades (apilados sobre un trineo) o cargados individualmente por obreros, debido a su reducido tamaño. La realización de la construcción requería el transporte permanente de materiales durante el transcurso de la obra y la existencia de rampas que lo hicieran posible, comunicando el pie de obra con los sectores en construcción.

Figura 41: Pirámide Escalonada del faraón Zoser

El método más efectivo para hacer este trabajo es mediante rampas apoyadas sobre los escalones de la pirámide. La acumulación de material necesario para hacer esa rampa es mínima en comparación con el material requerido para construir una rampa recta apoyada sobre el suelo.

Sin embargo, hay que tener en cuenta que la rampa recta apoyada sobre el suelo se presenta como una alternativa conveniente a baja altura, debido a que el trabajo de construirla y la cantidad de material a acumular en ella es razonable, en relación con la cantidad de los bloques a elevar. Estas rampas permitían realizar calzadas espaciosas, lo cual era necesario en los sectores bajos de las grandes pirámides, donde la actividad era más intensa y el traslado de bloques mayor **(Lauer 1948:177)**.

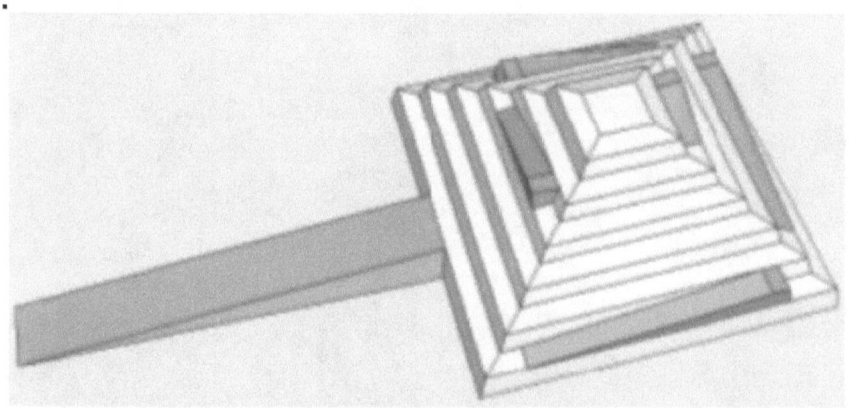

**Figura 42: Combinación de Rampas.**

Cuando se necesitaba mover bloques de gran tamaño, la rampa recta fue utilizada, ya sea para la edificación de la estructura del núcleo como para la construcción de cámaras interiores. Estos grandes bloques eran arrastrados por cuadrillas numerosas que requerían el uso de calzadas espaciosas. Las calzadas debían ser rectas, porque el esfuerzo era realizado por cuadrillas compuestas por cientos de obreros dispuestos en línea recta, en la dirección del esfuerzo **(Smith 2006:173)**.

La rampa recta perpendicular a la cara de la pirámide fue utilizada, en la construcción de pirámides bajas, como es el ejemplo de Sinki al sur de Abydos o bien en los sectores bajos de pirámides de mayor altura, como es el ejemplo de Meidum **(Lehner 1997:217)**.

En síntesis, las pirámides escalonadas de baja altura fueron construidas utilizando rampas rectas. En las grandes pirámides escalonadas se combinaron las rampas rectas apoyadas sobre el suelo para la construcción a baja altura, con la rampa en espiral apoyada sobre los escalones de la estructura, para elevar los bloques a media y gran altura.

Tercer Avance Constructivo

La Pirámide Lisa

# La Pirámide Lisa

*Cronología*

*Cuarta Dinastía*

- 2575

- 2551

**Figura 43: Faraón Seneferu**

La primera pirámide de caras lisas construida, es conocida como pirámide acodada. Así como Imhotep, visir del faraón Zoser, fue el creador de la pirámide escalonada, el faraón Seneferu realizó los avances constructivos que hicieron posible la obtención de la pirámide lisa. La pirámide acodada es conocida también con el nombre de pirámide romboidal o bien por su ubicación en Dashur, se la denomina pirámide del Sur. Esta es una de las pirámides más enigmáticas, que marca un hito trascendente en la evolución constructiva y su forma ha dado lugar a diferentes interpretaciones **(Fakhry 1975:80).**

La pirámide de caras lisas es una forma de transición de la pirámide escalonada a la pirámide verdadera, forma que será adoptada por los constructores en lo sucesivo.

## Buscando la forma

La pirámide romboidal está básicamente compuesta por tres sectores:

El núcleo **(1)** (Ver Fig. 44) con caras externas dispuestas en capas de pendiente 60 grados. Un conjunto de capas **(2)** acumuladas sobre el núcleo con pendiente menos pronunciada de casi 55 grados. La base así obtenida fue coronada con una pirámide verdadera de 43 grados de pendiente de cara y edificada en capas dispuestas horizontalmente **(3)** **(Edwards 1993:37)**.

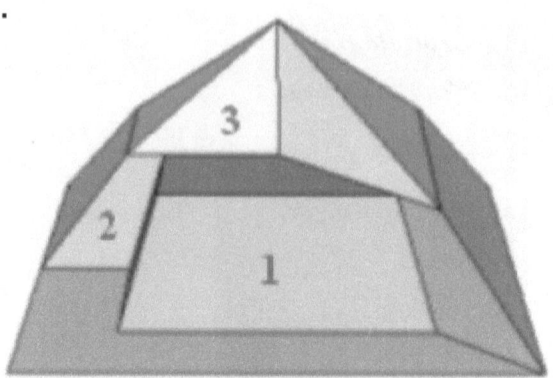

**Figura 44: Sectores de la pirámide Romboidal**

Se desconoce la razón por la cual la pirámide escalonada evolucionó hacia la forma de pirámide de caras lisas.

Desde el punto de vista religioso la pirámide escalonada representaba la escalera que conducía al faraón al cielo.

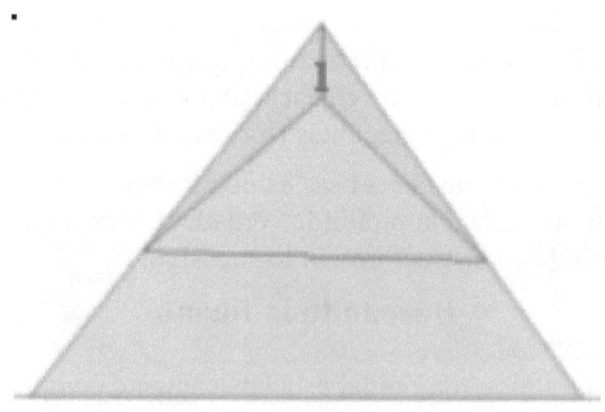

**Figura 45: Modificación de la forma piramidal**

**Figura 46: Pirámide Romboidal**

Las pirámides eran símbolos del culto solar, identificadas con la perfección del dios Ra y con la piedra sagrada Ben - Ben. Según Edwards tanto las pirámides como el Ben - Ben representan los rayos solares, simbolizando así lo inmaterial que se materializa **(Edwards 1993:281)**.

La pirámide acodada tiene el aspecto de una gran mastaba en su base, la cual fue coronada con una pirámide lisa. La forma así obtenida es un paso intermedio entre la pirámide escalonada o gran mastaba y la pirámide verdadera.

Esta edificación ha sido habitualmente vista como un intento fallido del faraón Seneferu por crear una pirámide verdadera. Se considera que debido al empinado ángulo original de la estructura y la pobre cimentación, aparecieron signos de inestabilidad durante su construcción. Esta situación obligó a adoptar un ángulo menor de la cara, evitando así la acumulación de más material en el sector alto **(1)** que produjo el colapso de la estructura (Ver Fig.:45) **(Mendelssohn 1974:97)**.

En contrario a esta opinión, otros especialistas interpretan que el peso del material que restaba por agregarse no es significativo.

Figura 47: Esquina deteriorada en la pirámide Romboidal.

Una pirámide al borde del colapso no habría resistido 4500 años de historia, la acción de terremotos y el deterioro producido por el hombre. Salvo algunas grietas y movimientos que son comunes en estas edificaciones, en general la pirámide está en muy buenas condiciones y presenta uno de los revestimientos mejor conservados. Obsérvese en la figura 47, el desmantelamiento realizado en una esquina de la pirámide romboidal, para extraer bloques destinados a otras edificaciones.

En mi opinión, si el objetivo del faraón Seneferu hubiera sido construir esta pirámide con forma de pirámide verdadera, lo podía haber hecho con el simple agregado **(2)** de bloques en el sector bajo del edificio (Ver Fig.:48).

Este sector añadido, lejos de afectar la consistencia de la estructura la habría reforzado.

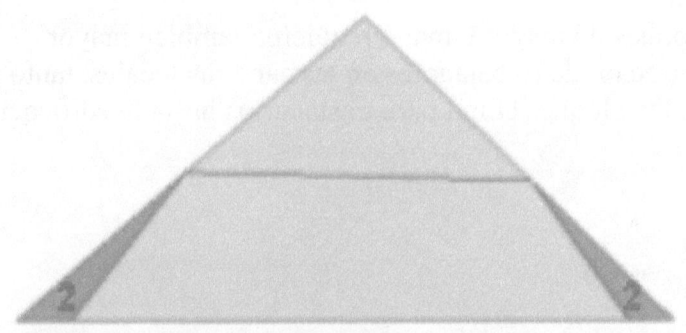

**Figura 48: Pirámide Romboidal
transformada en lisa**

Seguidamente el faraón Seneferu edificó la primera pirámide verdadera (pirámide Roja) y convirtió otra pirámide escalonada en verdadera (pirámide de Meidum).....pero nunca realizó el esfuerzo notoriamente menor que significaba transformar la pirámide romboidal en verdadera.

En cuanto a la evolución de la forma escalonada a la forma lisa, en mi opinión, el motivo consistió en evitar la acumulación de arena en los escalones, lo cual daba un aspecto antiestético y requería un permanente mantenimiento del edificio.

# Evolución de la Estructura

La pirámide romboidal fue construida con bloques de piedra caliza notoriamente más grandes que los utilizados en la pirámide escalonada.

Este incremento en el tamaño de los bloques ya se percibe a fines de la III dinastía y comienzos de la IV en construcciones accesorias. De aquí en más, la tendencia en las siguientes construcciones es a abandonar la acumulación de capas inclinadas de bloques pequeños, utilizando en su lugar bloques grandes y dispuestos en capas horizontales. La estabilidad se obtiene en base al propio peso de los bloques y la fricción que los mantiene en posición. El aumento en el tamaño de los bloques redunda en evitar el trabajo de cortarlos y aumenta el grado de cohesión en la construcción.

Los bloques de mayor tamaño requieren también mayor concentración de trabajadores en las canteras locales, tanto para extraer los bloques como para trasladarlos hasta la edificación.

Cuarto Avance Constructivo

La Pirámide Verdadera

# La Pirámide Verdadera

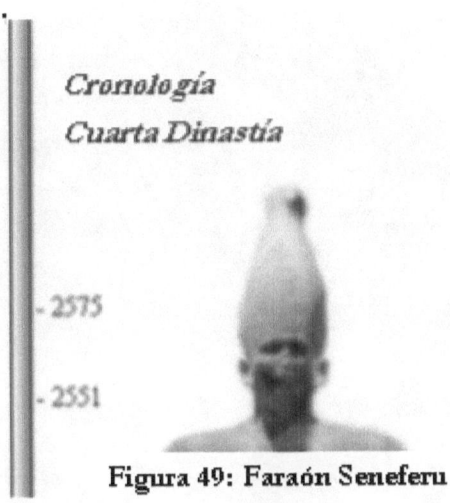

*Cronología*
*Cuarta Dinastía*

- 2575

- 2551

Figura 49: Faraón Seneferu

Luego de construida la pirámide al Sur de Dashur, el faraón Seneferu inició la construcción de una nueva pirámide al Norte de la anterior, conocida como pirámide Roja por el color de la piedra caliza utilizada. Esta es la primera tumba real con forma de pirámide verdadera, forma que será adoptada en lo sucesivo por los faraones del Antiguo Imperio. Luego, transformó la pirámide escalonada de Meidum, en pirámide verdadera, colocándole la cobertura compuesta por un revestimiento realizado en fina piedra caliza blanca **(Lehner 1997:105)**.

Los progresos realizados por Seneferu en Dashur, produjeron avances notables en la forma de las tumbas reales así como en los procedimientos para obtener estructuras estables, que hicieron posible la construcción de pirámides verdaderas hasta alcanzar la máxima altura en la Gran Pirámide.

Figura 50: Pirámide de Meidum

## La pirámide de Meidum

El colapso de la cobertura y parte del núcleo de esta pirámide dejó a la vista lo que queda del núcleo escalonado con forma de torre, además de valiosa información de la cobertura realizada para obtener la

forma de pirámide verdadera. Se desconoce si colapsó por causas estructurales **(Mendelssohn 1974:118)** o fue colapsada por el hombre.

Excavaciones realizadas en el lugar no detectaron vestigios de cuerdas o restos humanos que evidenciaran que el colapso se produjo durante la construcción **(Lehner 1997:100)**.

La opinión predominante entre los egiptólogos es que la pirámide fue desmantelada y utilizada como cantera de piedras en tiempos posteriores al Antiguo Imperio. En estas actividades lo que se buscaba era extraer la fina piedra caliza blanca que fue utilizada en los sucesivos revestimientos de la pirámide y que no abunda en la zona.

Actualmente el aspecto de dicha pirámide es el de una gran torre de tres escalones, en medio de un montículo de escombros y arena (Ver Fig. 50).

## Estados de la Pirámide de Meidum

Esta pirámide fue construida por el faraón Huni a fines de la III dinastía, formando una estructura de siete escalones.

El faraón Seneferu, al comienzo de su reinado en la IV dinastía agregó dos capas más (A) y (B), ambas terminadas con piedra caliza pulida (Ver Fig.:51).

Luego de construir la pirámide Roja, Seneferu colocó la cobertura en la pirámide de Meidum convirtiéndola en pirámide verdadera.

Mientras que las capas **A** y **B** fueron construidas con bloques dispuestos en capas inclinadas de 15 metros de espesor, al estilo de la III dinastía, en la capa **C** los bloques de la cobertura, fueron colocados horizontalmente **(Edwards1993:95)**.

Los bloques utilizados en Meidum son de mayor tamaño que los empleados en la pirámide de Zoser siendo necesaria una cuadrilla de obreros para moverlos.

La cobertura estaba compuesta por los bloques del revestimiento, tallados en fina piedra caliza y forma trapezoidal, sustentados entre sí por los denominados bloques de respaldo (Ver Fig. 52).

El espacio comprendido entre los bloques de respaldo y el núcleo era completado utilizando los denominados bloques de relleno. Estos bloques al igual que el núcleo fueron tallados en piedra caliza pobre obtenida en las canteras locales **(Arnold 1991:168)**.

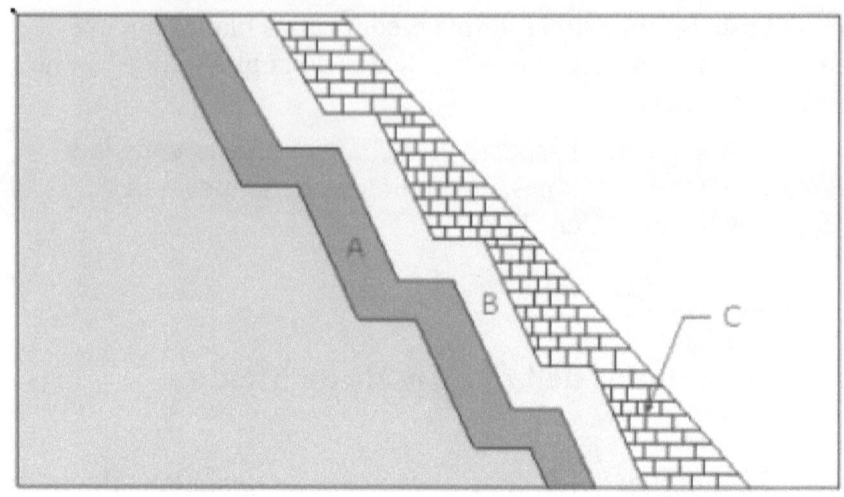

**Figura 51: Vista en corte de la Pirámide de Meidum**

La cobertura es formada así por el revestimiento, los bloques de respaldo y los bloques de relleno, "que se comportan como una unidad estructural complementaria del núcleo, generando cuatro superficies triangulares planas que dan la forma piramidal" **(Mendelssohn 1974:116).**

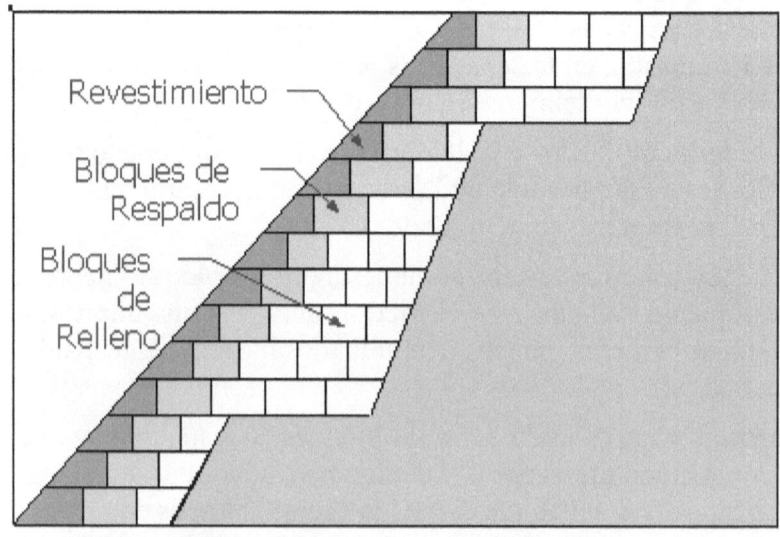

**Figura 52: Detalle de la cobertura**

"Esta separación de la cobertura y el núcleo fue crucial en la construcción de pirámides y determinó, la estructura de estos edificios" **(Arnold 1991: 159)**.

## Técnicas de Elevación de Bloques

La estructura inicial de la pirámide de Meidum es una pirámide escalonada de la III dinastía construida utilizando una rampa en espiral apoyada sobre los escalones de la estructura, siendo complementada por rampas rectas en el sector bajo (Ver Segundo Avance Constructivo).

Sobre esta pirámide escalonada, Seneferu colocó la cobertura obteniendo la forma piramidal verdadera mediante el empleo de dos grandes rampas rectas que alcanzaron la cima de la edificación. Vestigios de estas rampas fueron reportados por Petrie y Ernest Mackay (1910) investigados luego por Borchardt con mayor profundidad **(Arnold 1991:82)**.

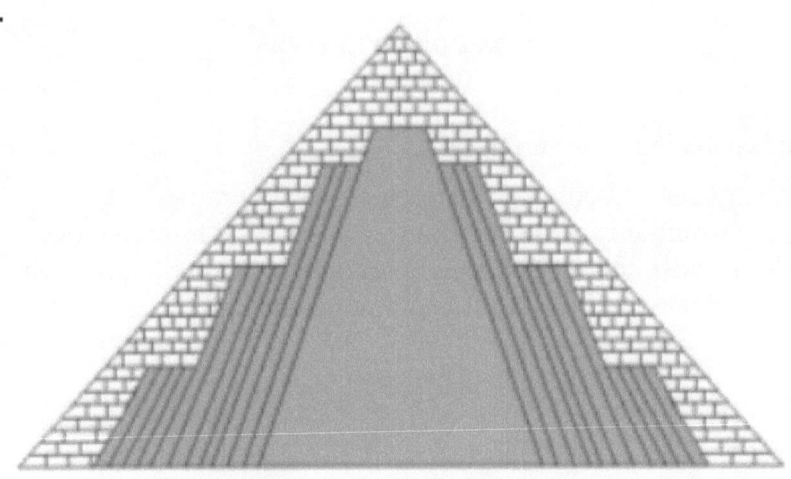

Figura 53: Pirámide con Núcleo en Capas Acumuladas

Analizando los restos físicos de la rampa Este, Borchardt llega a la conclusión de que proyectándola sobre el núcleo de la pirámide, se puede observar en la parte superior, la existencia de leves depresiones producidas en la posición donde se apoyó la rampa (Ver Fig. 62 y 63).

La pirámide escalonada existente fue utilizada como núcleo sobre el cual se colocó la cobertura de la pirámide verdadera. La pirámide fue construida así en dos etapas compuestas por el núcleo y la cobertura que se colocó sobre él.

Es importante destacar que el trazado de la forma piramidal en Meidum se realizó, disponiéndose del **punto de cima sobre el núcleo ya construido.** Volveremos sobre este tema luego.

## Etapas de Construcción

Las opiniones de los especialistas respecto a como fueron edificadas las pirámides verdaderas difiere entre quienes sostienen la construcción en una etapa y quienes entienden que fueron realizadas en dos.

## Teorías constructivas

### 1) Construcción en una etapa:

Consiste en construir el núcleo y la cobertura de la pirámide simultáneamente, hilada tras hiladas, de forma tal que cuando la construcción alcanza el punto de cima, la pirámide esta terminada incluida la colocación del revestimiento.

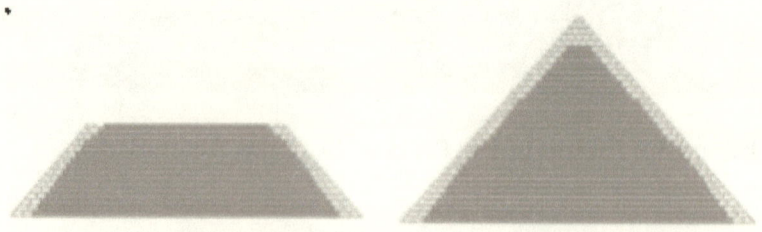

Figura 54: Construcción en una Etapa

El trazado de la forma piramidal durante la construcción, debió ser realizado con métodos similares a los utilizados en una pirámide escalonada, al no disponerse de la ubicación del punto de cima que solo pudo ser alcanzado al finalizar la edificación (Ver Primer Avance Constructivo).

Cada hilada de bloque se construye formando cuadrados horizontales, disminuyendo sus tamaños con la altura, comenzando en el cuadrado mayor que es la base y culminando en el punto de cima.

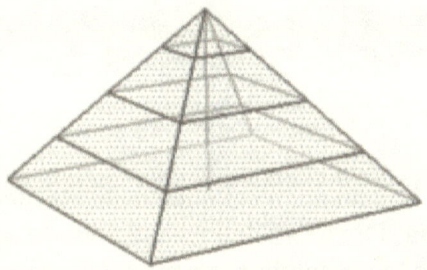

**Figura 55: Geometría de la pirámide verdadera**

## 2) Construcción en dos etapas:

La otra manera de construir la pirámide es en dos etapas. La cobertura es colocada sobre el núcleo escalonado ya edificado. Este procedimiento fue efectivamente utilizado por Seneferu en Meidum.

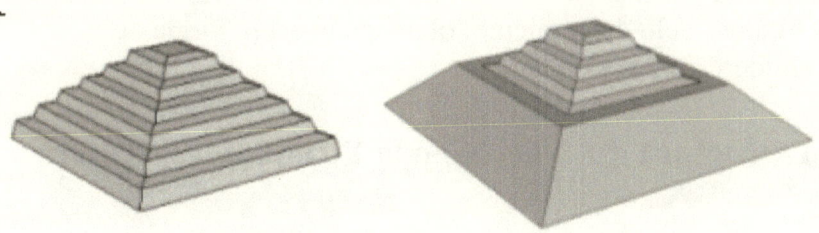

**Figura 56: Construcción en dos etapas**

Figura 57: Pirámide Roja

**Primera etapa:** se construye el núcleo, hasta alcanzar la altura del punto de cima. Dicho núcleo es escalonado con el propósito de apoyar sobre los escalones, primero las rampas que son utilizadas en su construcción y luego la cobertura.

El trazado de la geometría y construcción del núcleo tiene las mismas características que el explicado en el Primer Avance Constructivo.

**Segunda etapa:** La forma piramidal es trazada disponiendo del punto de cima y uniendo éste con las esquinas de la base mediante las respectivas aristas Comenzando por la base, en cada hilada se colocan los bloques que conforman la cobertura, compuesta por los bloques de respaldo, los bloques de relleno y los bloques del revestimiento, obteniendo así la forma de pirámide verdadera.

## Estructura del Núcleo en la Pirámide Verdadera

El núcleo de las pirámides verdaderas, se encuentra oculto debajo de la cobertura que le dio la forma piramidal.

La dificultad para visualizar el núcleo ha dado lugar a diferentes interpretaciones respecto a como es su estructura **(Arnold 1991:159)**. Según Sampsell, inicialmente predominaba la opinión de que las pirámides verdaderas tenían un núcleo formado por acumulación de capas al igual que las pirámides de la III dinastía. Esta interpretación respondía a la teoría de Richard Lepsius consistente en suponer que cada pirámide fue construida acumulando una capa por cada año de reinado del faraón, de manera que los faraones que reinaron más tiempo construyeron las pirámides más grandes. A esta teoría se sumó la opinión formulada por Ludwig Borchardt quien, en exploraciones realizadas en pirámides de Abusir (V dinastía), interpretó la existencia de acumulación de capas similares a las existentes en las pirámides de la III dinastía.

Actualmente sabemos que el tiempo de reinado de cada faraón no guarda relación con el tamaño de su pirámide y que el faraón Seneferu por ejemplo construyó dos pirámides y colocó la cobertura en una tercera (Meidum). Por otra parte, exploraciones realizadas por Miroslav Verner en Abusir confirman la ausencia de acumulación de capas en las pirámides allí construidas **(Verner 1994:139) (Sampsell 2000)**.

Se suman a estas evidencias las exploraciones realizadas por Maragioglio y Rinaldi en Giza, demostrando que el núcleo de las pirámides de la IV dinastía está compuesta por **hiladas de bloques horizontales**. A estas conclusiones llegan luego de investigar los túneles efectuados por saqueadores, en los que se visualiza la disposición horizontal de los bloques **(Maragioglio and Rinaldi 1965:16) (Sampsell 2000)**.

Las pirámides escalonadas de la III dinastía fueron construidas con capas inclinadas y bloques pequeños, mientras que las posteriores, durante la IV y V dinastía se construyeron con hiladas de bloques horizontales de mayor tamaño **(Isler 1926:121)**.

Conociendo entonces que las pirámides verdaderas edificadas durante la IV dinastía poseen un núcleo construido en capas horizontales y habiendo sido abandonada la técnica de construir por acumulación de capas inclinadas, utilizada durante la III dinastía, resta definir cual es la forma del núcleo en dichas pirámides.

Sobre este punto existen básicamente dos opiniones, el núcleo se mantuvo **escalonado** o cambió a la forma **piramidal**.

### a) Núcleo con forma piramidal:

A principios del 1900, el egiptólogo alemán Ludwig Borchardt formuló la propuesta de que la Gran Pirámide fue construida utilizando una gran rampa recta. Llega a esta opinión como consecuencia de las exploraciones que realizó en Meidum, donde detectó evidencias de grandes rampas utilizadas allí.

Sin embargo considerando que la Gran Pirámide duplica en altura a la pirámide de Meidum, la rampa recta necesaria para construirla sería extremadamente grande superando en volumen a la propia pirámide.

Resultado de esta propuesta y en el convencimiento de que fueron utilizadas grandes rampas, predominó en la mente de los investigadores la necesidad de diseñar rampas menos trabajosas y más efectivas para la construcción de la Gran Pirámide.

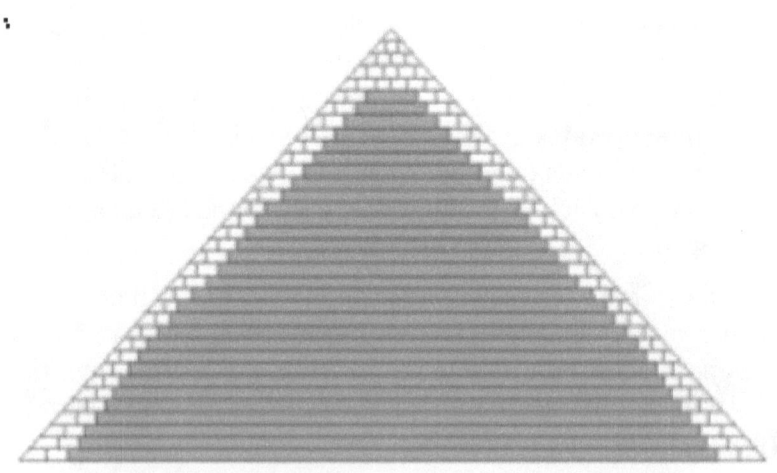

**Figura 58: Pirámide con Núcleo Piramidal**

Como consecuencia de esta visión de la temática es que prevalece la opinión de que las pirámides verdaderas fueron edificadas en una etapa. Si una pirámide verdadera fuera edificada en dos etapas, se haría necesario construir la rampa para edificar el núcleo, desmontarla y levantarla nuevamente para colocar la cobertura, lo cual es doblemente trabajoso.

En la búsqueda por disminuir el trabajo de construcción se ha explorado inclusive la posibilidad de colocar el revestimiento de arriba hacia abajo **(Smith, 2006:200)**.

La forma piramidal asignada al núcleo (o bien la inexistencia de un núcleo) es consecuencia de suponer que las pirámides verdaderas eran edificadas en una etapa, con lo cual el revestimiento y la estructura fueron construidos simultáneamente (Ver Fig.:58).

b) **Núcleo escalonado:**

Las evidencias arqueológicas disponibles indican sin embargo que la forma del núcleo de las pirámides verdaderas es escalonada. La brecha abierta en la pirámide de Micerinos (IV dinastía) en el año 1215 por el Califa Malek, deja a la vista un núcleo escalonado sobre el cual fue colocada la cobertura que le da forma piramidal **(Mendelssohn 1974: 115)**.

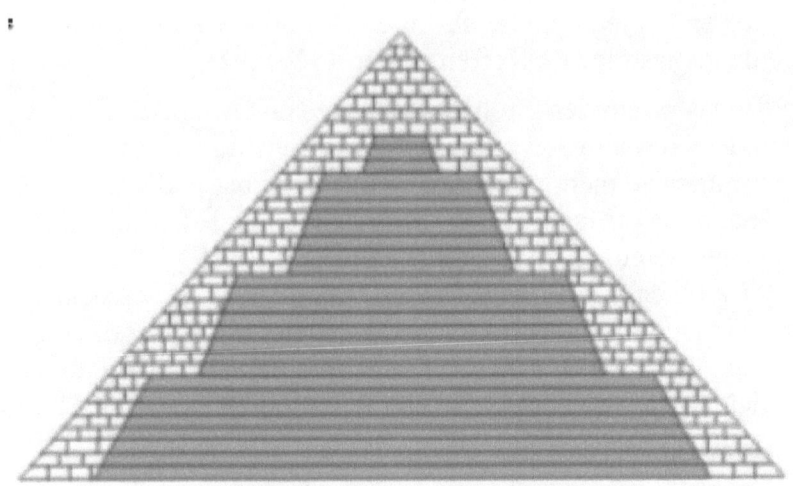

Figura 59: Pirámide Verdadera

**Figura 60: Pirámides Satélites de Micerinos**

Martin Isler también hace referencia a esta evidencia, "la brecha abierta por los mamelucos en la cara Norte de la pirámide de Micerinos ha permitido a los investigadores identificar al menos tres grandes escalones en el interior de la estructura". Cuatro niveles de un núcleo central también pueden verse insinuados en la piedra de recubrimiento al observar la esquina noreste de la pirámide de Kefrén. **(Isler 1926:192).**

En las pirámides satélites existentes en Giza, está a la vista el núcleo escalonado con que fueron construidas. Aún en estas pirámides de menor tamaño, en que la forma podía ser obtenida con mayor facilidad, se construía un núcleo escalonado sobre el cual era colocada la cobertura (Ver. Fig. 59 y 60). Según Dieter Arnold, debido a que todas las pirámides, antes y después de la IV dinastía fueron construidas con núcleo escalonado, es de suponer que las de la IV dinastía también lo tienen" si bien no ha sido suficientemente demostrado en todas ellas **(Arnold 1991: 168).**

Según Kurt Mendelssohn: El buen estado de conservación de las pirámides de Dashur (IV dinastía) impide visualizar su núcleo al igual que en las pirámides de Keops y Kefren en Giza, "sin embargo, se puede estar seguro de que ellas también fueron diseñadas de la misma manera"….., según la evidencias arqueológicas presente en la brecha existente en la pirámide de Micerinos **(Mendelssohn 1974: 115)**.

En síntesis, si bien no podemos visualizar el núcleo de la pirámide de Keops porque se encuentra oculto bajo los bloques de respaldo sabemos que las pirámides de la meseta de Giza, en que el núcleo está visible, como ocurre en la pirámide de Micerinos y en las pirámides
satélites, el núcleo es escalonado.

La estructura de la pirámide verdadera está compuesta por un núcleo escalonado formado por hiladas horizontales, con bloques de piedra caliza pobre de gran tamaño en el sector bajo y que disminuyen con la altura. La cobertura está compuesta por bloques de relleno y de respaldo que dan una forma piramidal sobre la cual se apoyan los bloques de revestimiento, realizados en fina piedra caliza blanca.

Según Dieter Arnold: "No hay duda de que los bloques de revestimiento, los bloques de respaldo y los bloques de relleno fueron tratados como una unidad estructural que se construyó de forma simultánea **(Arnold 1991:82)**.

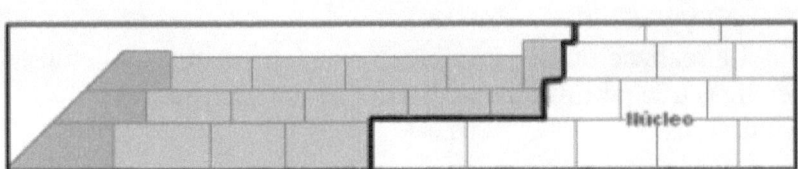

Figura 61: Cobertura del Núcleo

# Requisitos Constructivos

La construcciones de pirámides verdaderas, cumplieron dos requisitos constructivos básicos:

**1) Construir la Pirámide más alta y en los plazos proyectados:**

El objetivo de los constructores de edificar pirámides lo más altas posible, está claramente documentado en la evolución de las pirámides. En esta evolución constructiva la pirámide más alta es la del faraón Keops con sus 147 metros de altura.

En lo referente al tiempo de construcción, al igual que en cualquier obra, la construcción de la tumba real debía ser terminada dentro de los plazos planificados.

**2) Obtener perfección en la forma y orientación:**

El requisito de obtener perfección en la forma piramidal y precisión en la orientación de la edificación según los puntos cardinales, era tan relevante como el de la altura a juzgar por los niveles de excelencia con que fueron satisfechos.

# Rampas para la construcción de pirámides verdaderas

La realización de pirámides verdaderas requirió el empleo de técnicas que permitieran satisfacer **ambos requisitos constructivos**.

**Rampa Recta:**

Basándose en los descubrimientos de Meidum es que Borchardt propuso el uso de rampas rectas de grandes proporciones para construir las pirámides verdaderas, en particular la Gran Pirámide.

El modelo de rampa recta fue apoyado por numerosos investigadores entre los cuales se destaca J. F. Lauer **(1948:177)** quien realizó propuestas tendientes a obtener rampas menos trabajosas. El inconveniente que presenta la rampa recta aplicada a la construcción de la Gran Pirámide, es su gran volumen y longitud, que se obtiene como consecuencia de mantener una pendiente baja (10 a 12 grados) que permita arrastrar los bloques sobre la calzada de la rampa hasta alcanzar la cima. Según Zahi Hawass, "La rampa tendría que ser muy larga extendiéndose más allá de la cantera", tomando como referencia la ubicación en que ha sido detectada la cantera en la meseta de Giza **(Hawass, 1)**.

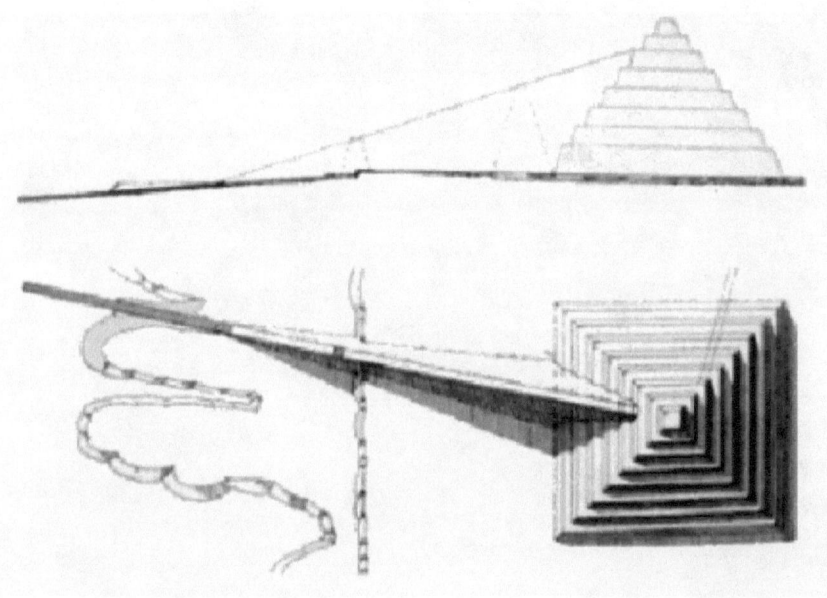

**Figura 62: Rampa utilizada en Meidum, según Borchardt**

## Rampa en Espiral:

Asumiendo la hipótesis de que las pirámides verdaderas fueron construidas en una etapa y buscando optimizar el trabajo de construir la rampa, surgió la propuesta de utilizar una rampa en espiral apoyada sobre el suelo o bien sobre la superficie externa sin terminar de los bloques del revestimiento ya colocado.

Figura 63: Vestigios de la Rampa en Meidum

La rampa en espiral apoyada sobre el suelo presenta el inconveniente de ocultar completamente la pirámide impidiendo cumplir con el requisito de **obtener perfección en la forma**.

Según Zahi Hawass: "Cuidadosa agrimensura durante la construcción era esencial, de lo contrario, podría producirse un desvío y las aristas no se reunirían en la cima" **(Hawass [1])**.

La rampa en espiral apoyada sobre el revestimiento oculta menos la forma de la pirámide. "El problema con esta teoría es que las caras inacabadas de la pirámide no pueden sostener las rampas que los investigadores creen, fueron hechas de barro o escombros" **(Hawass)**.

## Trazado de la forma piramidal

El método utilizado para trazar la forma piramidal depende de la manera en que se construya la pirámide verdadera:

**Trazado desde el Punto de Cima:**

- **Primer Procedimiento**: Construcción en **dos etapas**. Disponiendo del punto de cima y las cuatro esquinas del cuadrado de la base, el trazando de la forma piramidal se obtiene uniendo mediante aristas rectas estos puntos.

**Trazado desde la Base:**

- **Segundo Procedimiento**: Construcción en **una etapa**. Al no disponerse del punto de cima, la forma piramidal es obtenida trazando sucesivos cuadrados horizontales y midiendo la pendiente de la cara de la pirámide en cada hilada.

---

[1] http://guardians.net/hawass/pbuildrs.htm

**Trazado desde el Punto de Cima:**

Según Mendelssohn la forma piramidal fue obtenida según el **primer procedimiento.** Como resultado de sus investigaciones en Meidum, alertó sobre la relevancia del requisito de la forma y las dificultades implicadas en su concreción. Sostiene que no es posible construir una pirámide verdadera en una etapa. Esto es debido a que es necesario levantar primero el núcleo para determinar la ubicación del **punto de cima**, imprescindible para trazar la **forma piramidal correcta** y necesaria para colocar la cobertura con la precisión alcanzada por los antiguos constructores.

**"Las aristas debían ser rectas y encontrarse en el punto de cima".**

A diferencia de la pirámide escalonada en que los errores pueden ser absorbidos en cada escalón, en la pirámide verdadera, las aristas deben ser rectas y encontrarse en la cima siendo cualquier desviación visible desde la base. Para una pirámide del tamaño de la de Keops, una desviación de 2 grados en la base se transforma en 15 metros en la cima, con lo cual las aristas no se encontrarían en el punto de cima.

Entiende además que el trazado de la forma piramidal sin disponer del punto de cima, requeriría el empleo de instrumentos de alta precisión que los antiguos egipcios ciertamente no disponían **(Mendelssohn 1974:116)**.


**Trazado desde la Base:**

Mark Lehner por su parte considera que las pirámides verdaderas fueron construidas en una etapa obteniéndose la forma piramidal mediante el **segundo procedimiento** de trazado. Analizando las pirámides satélites de Giza, llega a la conclusión de que el núcleo escalonado era construido para servir de referencia al trazado de la cobertura. Sugiere que el núcleo se edificaba adelantándose algo a la colocación de la cobertura de forma que las líneas de referencia existentes en el núcleo eran trasladadas al revestimiento, para su correcta ubicación.

En la pirámide de las reinas de Keops GI-c, detectó la existencia de agujeros en las esquinas de los escalones, con un diámetro de 5 cm., los cuales interpreta que fueron utilizados para colocar clavijas con el propósito de sostener un cordel guía, que marcaba un cuadrado de referencia tanto para construir el núcleo como para trazar la superficie exterior del revestimiento.

Interpreta también, que la pendiente de cada cara de la pirámide fue obtenida por la colocación piedra a piedra del revestimiento. Cada bloque del revestimiento era colocado en posición apoyado sobre su cara inferior, trazándose mediante una línea roja en su contorno la cara inclinada. El trazo de la línea en las caras laterales se hacía recurriendo a una escuadra de madera con la pendiente de la cara, apoyada sobre la vertical obtenida con una plomada. "Luego que una superficie importante era cubierta con el revestimiento, se alisaba cincelando el sobre material hasta llegar a visualizar las líneas de referencia marcadas" (**Lehner 1997:219**).

Propone que la técnica utilizada para elevar los bloques hasta alcanzar una altura próxima a la cima consistió en una rampa en espiral apoyada sobre el revestimiento sin terminar. Respecto a la objeción de que la rampa impedía obtener la forma piramidal correcta, entiende que los constructores ya estaban en efecto tapando la superficie de la pirámide, al dejar un sobre espesor en la superficie de las piedras de revestimiento que colocaron. Hace referencia a la curvatura visible en una de las aristas próxima a la cima de la pirámide de Kefren concluyendo que el revestimiento ya colocado no pudo haber sido una referencia significativa para controlar la forma de la pirámide (**Lehner 1997:215**).

Martin Isler por su parte, entiende que el trazado de la forma piramidal como sumatoria de escalones habría producido una acumulación de errores que impedirían que las cuatro caras se encontraran en el punto de cima.

Resalta que en Meidum "la cobertura fue colocada sobre un núcleo muy impreciso". Todo indica que existió una remedición luego de la construcción del núcleo, antes de colocar la cobertura. Durante la colocación de la cobertura se estableció la forma piramidal final. Algo similar puede observarse en la pirámide de Keops en que el núcleo aparece algo desviado respecto a la forma final de la cobertura **(Isler 1926: 210)**.

Flinders Petrie reconstruyó la base de la Gran Pirámide una vez ubicados los cimientos de las esquinas del revestimiento. En la figura 64 se observa un dibujo de la base de la Gran Pirámide realizado a partir del dibujo de Petrie **(Petrie 1883:Plate 10 Relative position of the socket-edges)**. El cuadrado exterior representa la base del revestimiento sobre el pavimento reconstruido según los mojones de las esquinas mientras que el cuadrado interior es la base existente de la pirámide.

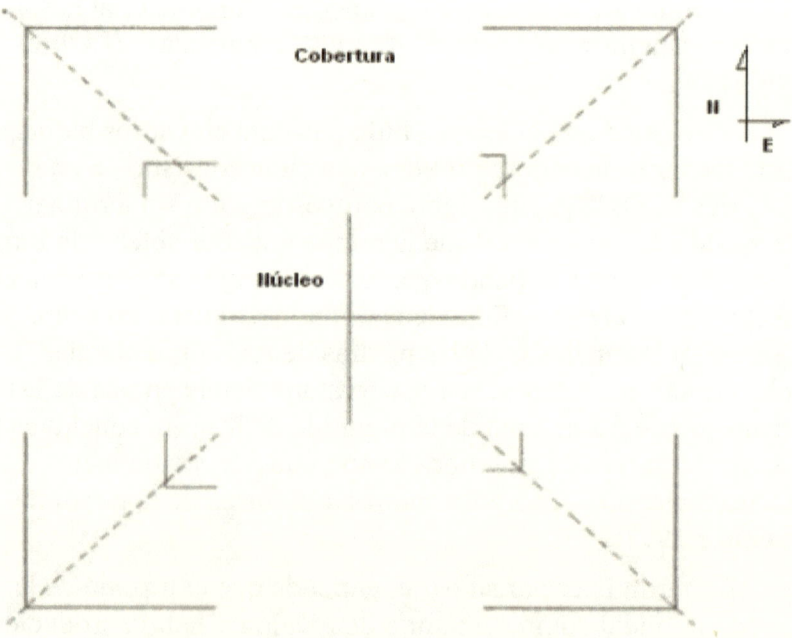

**Figura 64: Base de la Gran Pirámide**

Obsérvese que el cuadrado exterior es más preciso y está mejor orientado que el interior.

Hay que considerar además que **el cuadrado interior consiste en la base del núcleo a la cual se le han agregado los bloques de relleno y respaldo** sobre el que se apoya el revestimiento. La base original del núcleo no está visible y se deduce que es más imprecisa aún debido a que el agregado de los bloques de relleno y respaldo se hace teniendo como referencia el trazado final de la base del revestimiento.

## Conclusiones

Luego del descubrimiento de vestigios de rampas rectas de grandes proporciones en Meidum, los procedimientos de construcción propuestos para las pirámides verdaderas y en particular para la Gran Pirámide, se han basado en el uso de importantes rampas. El procedimiento más aceptado consiste en edificar la pirámide hilada tras hilada, colocando el núcleo y el revestimiento simultáneamente en una sola etapa. La pirámide así construida tiene una única estructura o bien puede interpretarse que su núcleo tiene forma piramidal.

Durante décadas la construcción en una etapa, ha predominado en la opinión de los especialistas como un método incuestionable. Vemos por todo lo analizado en este capítulo que se trata de un procedimiento teórico y ciertamente se desconoce si es posible construir efectivamente de esa manera una pirámide de proporciones cumpliendo con los requisitos constructivos.

Por otra parte, el procedimiento de construir en una etapa difiere del utilizado en la pirámide de Meidum, que es uno de los ejemplos mejor documentados de que se dispone. Esa pirámide fue construida en dos etapas, primero se construyó el núcleo escalonado a fines de la III dinastía utilizando rampas apoyadas sobre los escalones. Luego en la IV dinastía el faraón Seneferu la transformó en pirámide verdadera colocando la cobertura. En esa segunda etapa, una vez determinado el punto de cima y trazada la forma de la pirámide verdadera, se colocó la cobertura empleando la rampa recta apoyada sobre el suelo cumpliendo con el requisito de "obtener perfección en la forma y orientación".

Sin embargo el método de construcción en dos etapas que fue efectivamente utilizado por los antiguos egipcios, como está documentado y con el que ciertamente construyeron una pirámide verdadera de proporciones, siempre ha sido considerado como la "transformación" de una pirámide escalonada en verdadera y no como el "procedimiento de construcción utilizado en las pirámides verdaderas".

La evidencia determinante al momento de adoptar una posición respecto a si las pirámides verdaderas se construyeron en una o dos etapas,  es la existencia del núcleo escalonado en su interior.

A ello se suma la notoria imprecisión en el trazado y orientación del núcleo escalonado en comparación con la cobertura.

Esta evidencia se presenta como claro testimonio de que el procedimiento de construir en dos etapas se mantuvo sin cambios en el tiempo.

Quinto Avance Constructivo

La Gran Pirámide

# La Gran Pirámide

Posteriormente a la concreción del avance constructivo de hacer una pirámide verdadera, alcanzado por Seneferu, el faraón Jhufu (Keops según la designación griega) hizo edificar la Gran Pirámide. La realización de esta obra maestra, significó satisfacer con niveles de excelencia los requisitos constructivos, en el avance más notable realizado en la evolución de las pirámides.

**Figura 65: Faraón Jhufu**

## Requisitos constructivos

### a) Construir la Pirámide más alta y en los plazos proyectados:

En la pirámide del faraón Keops, se alcanzó la altura record de 146,71 metros, superando ampliamente a las pirámides del Grupo Dashur que las precedieron (Pirámide Romboidal y Roja, con 92 y 103 metros de altura (Ver Fig. 66). Al aumentar la altura de la pirámide se incrementaba notoriamente el volumen de bloques a acumular así como las dificultades para elevarlos a alturas considerablemente mayores.

Durante la evolución de las pirámides, la altura se incrementó de forma paulatina y gradual, mientras que la edificación de la Gran Pirámide, significó un incremento de altura que no tiene precedentes, al superarse en un 42 % la altura de la pirámide más alta construida hasta el momento.

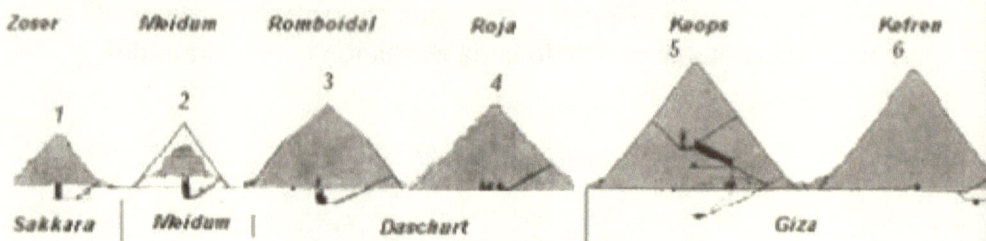

**Figura 66: Incremento de alturas**

En lo referente al tiempo insumido para la construcción de la Gran Pirámide, tradicionalmente se ha admitido el plazo de veinte años, según la versión recogida por el historiador Herodoto. Este lapso de tiempo es aceptado por los egiptólogos, conforme a la duración del reinado del faraón Jhufu en la cronología del Antiguo Egipto (Lehner).

**b) Obtener perfección en la forma y orientación:**

Según Lepre, esta pirámide no se destaca del resto solamente por ser mucho más alta y por su excelente terminación, sino que además es la mejor orientada y precisa en sus dimensiones. La calidad de la mano de obra utilizada permitió obtener terminaciones en el revestimiento con una "precisión tan extraordinarias como al trabajo de óptica de nuestros días, pero en una escala de hectáreas en vez de los pies o yardas" **(Lepre 1990:65-71)**.

Según Fakhry, la Gran Pirámide de Giza no solo es la pirámide más grande construida por un faraón sino que "representa la culminación del esfuerzo de los constructores de

Figura 67: Pirámide del Faraón Keops

pirámides". Debido a la precisión en sus medidas y orientación así como "la calidad de las terminaciones sigue siendo la principal de las Siete Maravillas del Mundo Antiguo" **(Fakhry 1975:99)**. La colocación del revestimiento tuvo mayor relevancia que en las pirámides anteriores, tanto por su diseño como por las terminaciones y el grado de perfección asombrosamente alcanzado.

Si bien actualmente solo se conservan 138 bloques del revestimiento, en ellos se aprecia una elevada calidad de las junturas y terminaciones. El espesor de las junturas en el revestimiento es del orden de medio milímetro. La calidad del pulido de estas superficies enormes, así como la belleza en las proporciones del edificio son motivo de destaque.

Esta evolución en la búsqueda de la forma perfecta, era acompañada por la precisión en la orientación de la edificación **(Edwards 1993:266)**. Según C.B. Smith: "El largo promedio de los lados en la base de la pirámide, según las más recientes mediciones, es 230,4 metros.
Las desviaciones producidas son las siguientes:

Lado Norte: -10,97 cm.

Lado Este:  +3,35 cm.

Lado Sur:  +8,84 cm.

Lado Oeste:  -0,61 cm.

Las desviaciones respecto a los puntos cardinales son las siguientes:

Lado Norte: 2'  28 ''

Lado Este:  5' 30 ''

Lado Sur:  1' 57 ''

Lado Oeste: 2' 30 ''

La desviación más grande es entre los lados Norte y Sur, donde la diferencia alcanza los 20 centímetros. **(Smith 2006: 70 y 71)**

## Rampas o Máquinas:

El principal enigma que plantea la construcción de la Gran Pirámide, consiste en determinar la manera en que los antiguos constructores elevaron los bloques hasta tanta altura.

Esta incógnita ha sido considerada por diferentes investigadores a lo largo de la historia. Uno de los documentos más antiguos que plantea esta interrogante fue escrito por Plinio en el siglo 20 D.C., "Resulta un problema difícil saber cómo llegaron los materiales a tanta altura; según unos, se fueron subiendo montones de sal y nitro a medida que la construcción avanzaba y cuando estuvo terminada, los disolvieron llevando hasta allí las aguas del Nilo. Según otros, se levantaron puentes de ladrillos, hechos de tierra, que se repartieron cuando el edificio estuvo terminado entre las casas de los particulares, porque, en su opinión, el Nilo no pudo llegar hasta allí, debido a que su nivel es mucho más bajo"**(Plinio, 20:17)**.

Las opiniones de los pensadores antiguos como de los investigadores modernos podemos agruparlas básicamente en dos grupos **(Lauer 1948:171)**:

a) **El uso de Rampas**: La versión de Diodoro de Sicilia sostiene que los egipcios construyeron las pirámides por medio de terrazas de tierra.

b) **El uso de Máquinas:** La versión recogida por el historiador Herodoto que reproduce la información obtenida de los sacerdotes egipcios, describe el empleo de máquinas, o bien de una máquina, que se deslizaba sobre la pirámide. Según Isler, "aún cuando los sacerdotes no tenían conocimiento de primera mano del evento, la explicación adquiere importancia ya que es la única descripción existente del antiguo método de construcción" **(1926:263)**.

**Rampas:**

**Versión de Diodoro de Sicilia:**

"Hicieron traer la piedra de lo más profundo de Arabia, y como no se sabía aún construir andamios, se dice que se sirvieron de terrazas para levantarlas. Pero lo más incomprensible de esta obra es que, estando entre arena, no se ve ningún rastro del transporte, ni del tallado de las piedras, ni de las terrazas de las que hablábamos.

De tal forma, que parece que, sin servirse de las manos del hombre, que es siempre bastante lenta, los dioses colocaron de golpe este monumento sobre la tierra.

Algunos egipcios dan una explicación igualmente fabulosa a este hecho, pero mucho más burda. Dicen que esas terrazas estaban hechas de una tierra llena de sal y nitro, y que el río, al desbordarse, las disolvió he hizo desaparecer, sin el concurso de los obreros. Esto no puede ser cierto; resulta mucho más sensato suponer que las mismas manos que sirvieron para traer estas tierras, las retiraron, he hicieron que el suelo recobrara el mismo aspecto que tenía anteriormente; tanto o más cuanto que se comenta que 360.000 peones o esclavos trabajaron en esta tarea cerca de veinte años."

## Variantes de rampas propuestas:

Basado en el descubrimiento de vestigios de grandes rampas utilizadas en Meidum, Borchard formuló su propuesta de que la Gran Pirámide fue construida utilizando una rampa recta gigantesca que llegaba hasta la cima. Existe sin embargo una diferencia sustancial entre ambas obras, la Gran Pirámide alcanzó una altura record que duplica la altura de la pirámide de Meidum. Esta propuesta dio lugar a importantes objeciones, aludiéndose tanto a la longitud en kilómetros que tendría la rampa, como al volumen de material acumulado que superaría el de la propia pirámide.

Posteriormente a los trabajos de Borchardt en Meidum, una corriente  importante de investigadores, continuaron proponiendo diseños de rampas más efectivas, en el convencimiento de que toda la pirámide fue construida utilizando rampas. Como consecuencia de esta forma de visualizar el tema, fue incorporada la idea de que la Gran Pirámide se construyó en una sola etapa. El extraordinario trabajo de erigir la rampa descartaba la posibilidad de construir la pirámide en dos etapas, debido a que requeriría construir la rampa dos veces.

Entre las variantes de rampas sugeridas para mejorar la rampa de Borchardt, se encuentran: la rampa recta con mayor pendiente en su tramo final, la rampa en espiral, la rampa en zig-zag (ya sea apoyada íntegramente sobre la pirámide o asentada en el suelo) **(Lehner 1997: 215)**".

Los diseños de rampas alternativos, resuelven el problema del enorme volumen de material a acumular y la gran longitud de la rampa. Sin embargo, agregan la dificultad de que ocultan la pirámide impidiendo cumplir con el requisito de "obtener perfección en la forma".

A esta dificultad se suma el limitado espacio existente en los sectores próximos a la cima. Debido a ese limitado espacio, las rampas en cualquiera de sus variantes, deberá tener una pendiente cada vez mas pronunciada al aproximarse a la cima.

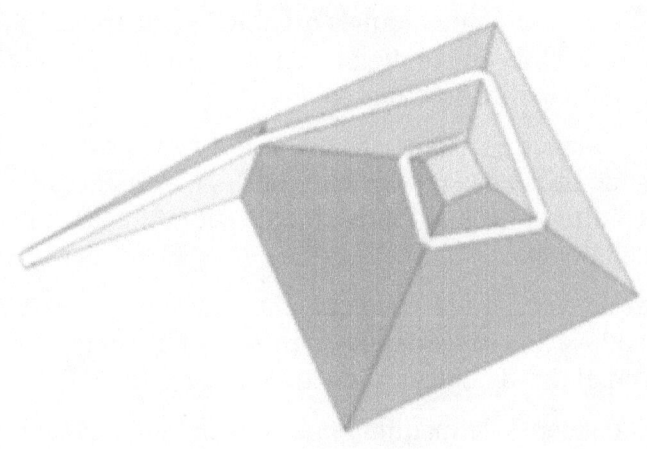

**Figura 68: Rampas en Espiral**

Dieter Arnold, por ejemplo, prevé que los bloques en la cima se apalancaron en su lugar a partir de una plataforma de madera, a la cual se llega con una construcción anexa en forma de escalera. El volumen de bloques a colocar en la pirámide disminuye notoriamente con la altura. Por ejemplo, cuando se alcanza una altura de 100 m de construcción, la pirámide ya tiene el  97 % de su volumen, es decir, que en los 46,5 m que resta construir  se acumulará el 3 % restante del volumen total.

Según Lehner, "Es posible que a pesar de todas sus dificultades concomitantes, la palanca fuera la mejor opción para completar este pequeño remanente de la pirámide" **(Lehner 1997: 222)**.

# Máquinas:

### Concepto de máquina en la antigüedad:

Se entiende por  máquina un conjunto de elementos o dispositivos que se utilizan para realizar un trabajo en condiciones más favorables.

En la contraposición sobre el uso de rampas o máquinas durante la construcción de la Gran Pirámide, debemos tener presente que desde el punto de vista físico, las rampas también son máquinas simples. La elevación de bloques durante la construcción de la pirámide, se realizó en condiciones más favorables, deslizándolos sobre un plano inclinado o rampa.

La palanca es otra de las máquinas simples conocidas y ampliamente utilizadas por los antiguos egipcios para mover bloques en diferentes maniobras, incluso combinadas con el empleo de rampas.

Otro ejemplo de máquina es la cuña, utilizada para cortar los bloques en las canteras, estando su principio de funcionamiento aplicado en el uso de cinceles, cuchillos, etc.

El concepto de máquina presente en la mente de Herodoto o bien de los sacerdotes que le trasmitieron la versión, según se desprende de la lectura de esa trascripción, era algo más elaborado que estos ejemplos que mencionamos, pero ciertamente menos compleja que nuestra interpretación moderna de lo que es una máquina.

**Versión de Herodoto (año 430 a.c.)**

"Esta pirámide fue construida de la siguiente manera: se colocaron al principio una serie de gradas que algunos llaman crossai y otros bomides.

Después de haberle dado, para empezar, esta primera forma, se procedió a subir las piedras restantes, por medio de máquinas construidas con trozos cortos de madera; desde el suelo la subían a la primera plataforma; cuando la piedra había llegado allí, era colocada en otra máquina instalada sobre esta primera plataforma, y pasaba a otra grúa, pues había tantas máquinas como plataformas. O quizás solo había una máquina fácil de transportar, que trasladaban de un piso a otro, después de haber retirado la piedra; indicamos los dos procedimientos según las dos versiones que hemos oído.

Lo primero que hicieron fue llegar al vértice de la pirámide, después pasaron a las partes que quedaban inmediatamente debajo, y por fin, dieron el último toque a los pisos próximos al suelo y al pie mismo del edificio" **(Herodoto: 129)**.


### Interpretación de la versión de Herodoto:

La versión recogida por Herodoto concuerda, con la construcción de la pirámide en dos etapas.

**Primera etapa - Construcción del Núcleo:** "Se colocaron al principio una serie de gradas que algunos llaman crossai y otros bomides."

**Segunda etapa – Colocación de la Cobertura:** "Después de haberle dado, para empezar, esta primera forma, se procedió a subir las piedras restantes, por medio de máquinas construidas con trozos cortos de madera; desde el suelo la subían a la primera plataforma; cuando la piedra había llegado allí, era colocada en otra máquina instalada sobre esta primera plataforma, y pasaba a otra grúa, pues había tantas máquinas como plataformas.

**Terminaciones:** "Lo primero que hicieron fue llegar al vértice de la pirámide, después pasaron a las partes que quedaban inmediatamente debajo, y por fin, dieron el último toque a los pisos próximos al suelo y al pie mismo del edificio" **(Herodoto: 129)**.

Herodoto hace referencia al empleo de máquinas durante la segunda etapa de construcción. En efecto, como expresa Lauer, " Parece hablar sólo de la colocación del revestimiento, ya que presupone la **intervención de las máquinas sobre un macizo ya formado en escalones** que admite implícitamente que **ha sido construidos por un método diferente, que no pudo ser otro más que un sistema de rampas.**"

Coincidimos con la interpretación de Lauer, sin embargo entendemos que se refiere a la colocación de la cobertura formada por los bloques del revestimiento, los bloques de respaldo y relleno.

Luego agrega Lauer "también es posibles que Herodoto, que no era arquitecto, halla malinterpretado la explicación, ya que si esas máquinas hubieran existido, no vemos por qué ellas no fueron  utilizadas en toda la construcción **(Lauer 1948: 171)**.”

Para responder esta pregunta es necesario visualizar que tanto la construcción del núcleo como la colocación de la cobertura hasta cierta altura, eran trabajos resueltos con los procedimientos tradicionales, que están documentados en Meidum. En estos trabajos la rampa en espiral apoyada sobre el núcleo escalonado (durante la construcción del núcleo), así como la rampa recta construida sobre el suelo, durante la colocación de la cobertura hasta cierta altura, eran métodos eficaces y no se visualizan motivos para que fuera necesaria la búsqueda de soluciones alternativas.

La dificultad se origina en el momento en que los antiguos constructores deciden edificar una pirámide que duplicará la altura de Meidum, y consiste en elevar los bloques de la cobertura sobre el núcleo ya construido a alturas nunca antes alcanzadas. Para llevar adelante este ambicioso proyecto, los constructores debieron  innovar, desarrollando una técnica que resolviera este problema.

El método utilizado debía elevar bloques de mediano y bajo peso a altura record. La técnica desarrollada no era de utilidad en la construcción del núcleo de la pirámide, ni en la colocación de la cobertura en los sectores bajos, donde el trabajo a realizar era sustancialmente diferente, consistiendo en elevar bloques de gran peso a baja o mediana altura.

Identificado claramente el problema que obligó a los antiguos constructores a innovar en el método utilizado para elevar bloques, nos proponemos identificar cual fue la técnica desarrollada.


**Variantes de Máquinas propuestas:**

Describiremos las diferentes máquinas simples que han sido propuestas por los investigadores. Estas máquinas son acordes a los conocimientos y posibilidades de los antiguos egipcios, y pudieron ser utilizadas por los antiguos constructores para elevar bloques.

## Holscher: Pinzas de elevación

La denominada pinza de elevación fue sugerida por Holscher y consisten en una combinación de maderos y cuerdas que permiten sujetar un bloque y elevarlo verticalmente (Ver Fig.:69).

Holscher llega a esta propuesta como resultado de analizar la construcción del templo de Kefren. Presenta como evidencia la existencia de muescas en algunos bloques que entiende fueron causadas por el uso de este agarre en forma de pinza o abrazadera en lugares donde las palancas no pudieron ser utilizadas debido a la falta de espacio **(Lauer, 1948:168)**.

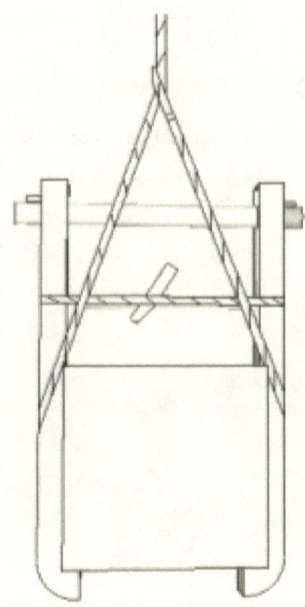

**Figura 69: Pinzas de elevación**

## Choisy: El elevador oscilante

La propuesta del elevador oscilante, consiste en un trineo con patines curvos que permiten el movimiento en forma similar al de una mecedora (Ver Fig.:70).

Su funcionamiento, según interpreta Choisy, consistía en que el bloque a elevar era cargado sobre el trineo colocándose debajo de los patines cuñas luego de cada oscilación, sobre las cuales se apoyaba y elevaba el conjunto trineo-bloque.

De este modo, la sucesiva colocación de cuñas permitía alcanzar la altura de la siguiente hilada sobre la cual era deslizado el trineo, continuando con el mismo procedimiento en las sucesivas hiladas hasta llegar a su posición final.

Se ha experimentado el funcionamiento de este método observándose que es poco efectivo al desestabilizarse el conjunto luego de colocar algunas cuñas y continuar con el balanceo.

Sin embargo, la principal objeción la plantea Croon quien entiende que este dispositivo, aún utilizado en grandes cantidades, 3500 unidades simultáneamente, no habría permitido construir la pirámide en el tiempo requerido.

Los trineos con patines curvos fueron descubiertos en tumbas del Imperio Medio y su utilidad es aún desconocida **(Lauer 1948:172)**.

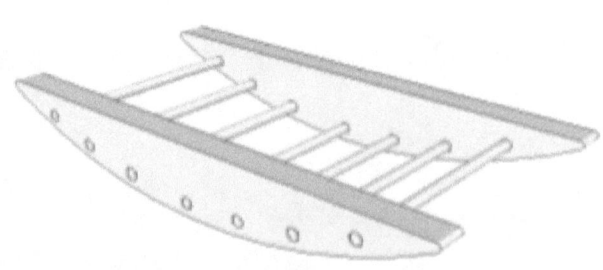

**Figura 70: Elevador Oscilante**

### Croon: El shadoof

Croon propone como alternativa a las rampas, el uso de una máquina basada en el empleo de la palanca y el contrapeso. Dicho  artefacto está inspirado en otra máquina, el shadoof, utilizada durante milenios por los egipcios para elevar agua del Nilo hasta los canales de riego (Ver Fig.:71).

El sistema consiste en una palanca articulada sobre un soporte vertical que posee un contrapeso en un extremo y en el contrario una cuerda que sujeta un cubo para cargar el agua. Al hacerse pivotear la palanca sobre el soporte se produce un impulso que es utilizado para hacer subir con mayor facilidad el cubo lleno de agua hasta la altura deseada.

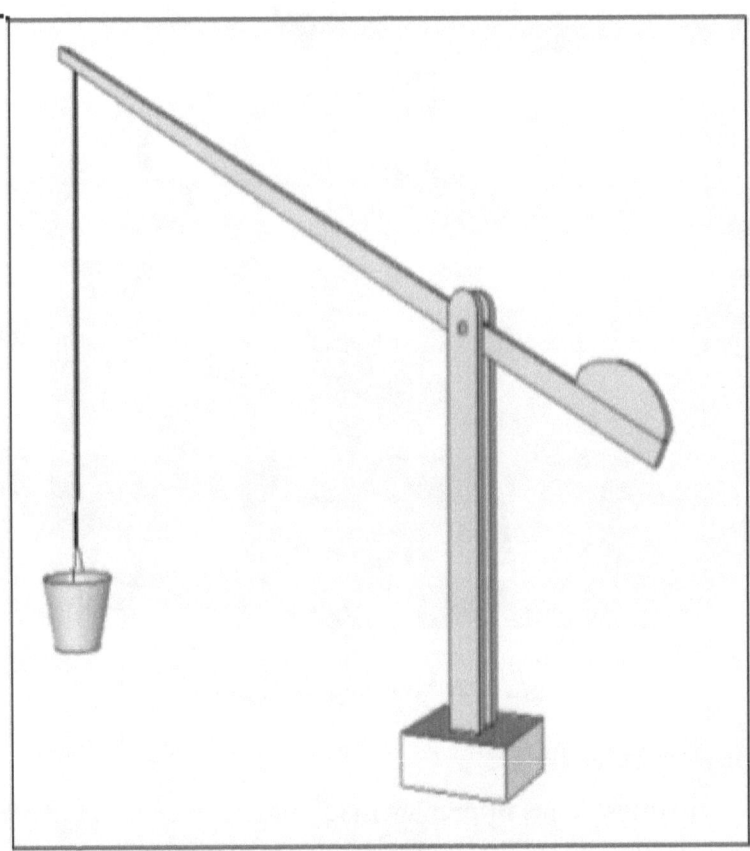

**Figura 71: Shadoof, Máquina para elevar agua**

Se han encontrado evidencias arqueológicas referidas al uso del shadoof en el Imperio Medio principalmente, mientras que los hallazgos en Mesopotamia se remontan al año 3000 AC.

En la máquina propuesta por Croon el movimiento de la palanca es realizado mediante cuerdas tiradas por obreros, apostados en las hiladas próximas al soporte, (Ver Fig.: 72) mientras en el extremo contrario el bloque sujeto a la palanca con una cuerda es elevado de una hilada a otra **(Lauer 1948:174)**.

Figura 72: Máquina de Croone

## El apoyo para cuerdas:

Además de las diferentes máquinas propuestas para elevar bloques se suma la interrogante de si la polea pudo ser conocida en épocas tempranas de la civilización egipcia.

Según Martin Isler, el desconocimiento de la polea se documenta en algunas escenas como, por ejemplo, las que ilustran las velas de los barcos sin poleas, siendo ésas elevadas mediante una cuerda **(Isler 1926: 263)**.

El arqueólogo egipcio **Selim Hassan** realizó un descubrimiento trascendente en la meseta de Giza que da luz a este tema. Consiste en un **apoyo fijo para cuerdas** tallado en piedra, que presenta tres ranuras paralelas con forma de media caña por las cuales se deslizaban las cuerdas. En el sector opuesto a las ranuras existe una saliente en forma de espiga con dos orificios que tenía la función de sujetar dicho elemento mediante tarugos a una estructura **(Verner 2001: 85)** (Ver Fig.:73).

Un elemento similar fue encontrado en la pirámide de Khentkaus. Difiere con el anterior en que presenta un único orificio de sujeción en la espiga. La forma del apoyo permite modificar la dirección de la cuerda en 45 grados mínimo. Dieter Arnold comparte la opinión de que este apoyo para cuerdas estaba sujeto a una estructura de madera y agrega **"formaban parte de un dispositivo desconocido para tirar o bajar tres cuerdas paralelas deslizándose sobre un borde o una esquina de la edificación"** **(Arnold 1991: 282)**.

La fricción de las cuerdas sobre las ranuras de cada apoyo debía ser reducida al mínimo posible para, de ese modo, disminuir el deterioro de las cuerdas producido por desgaste y recalentamiento.

Estos apoyos para cuerdas realizados en piedra de basalto, pulida a espejo, ofrecían superficies con bajo rozamiento. El agregado de lubricación, mediante agua, aceite o grasa, conservaba baja la temperatura y la fricción, disminuyendo el desgaste, siendo necesario mantener las cuerdas y los apoyos limpios de arena.

Mediante estos soportes cambiaban la dirección de la cuerda manteniendo un radio de curvatura (radio del apoyo) que no deteriora la cuerda. El radio de curvatura es proporcional al diámetro de la cuerda. A menor diámetro de cuerda menor será el radio de curvatura. El empleo de tres cuerdas en lugar de una de mayor diámetro hace que el esfuerzo se transmita mejor con un menor radio de la polea.

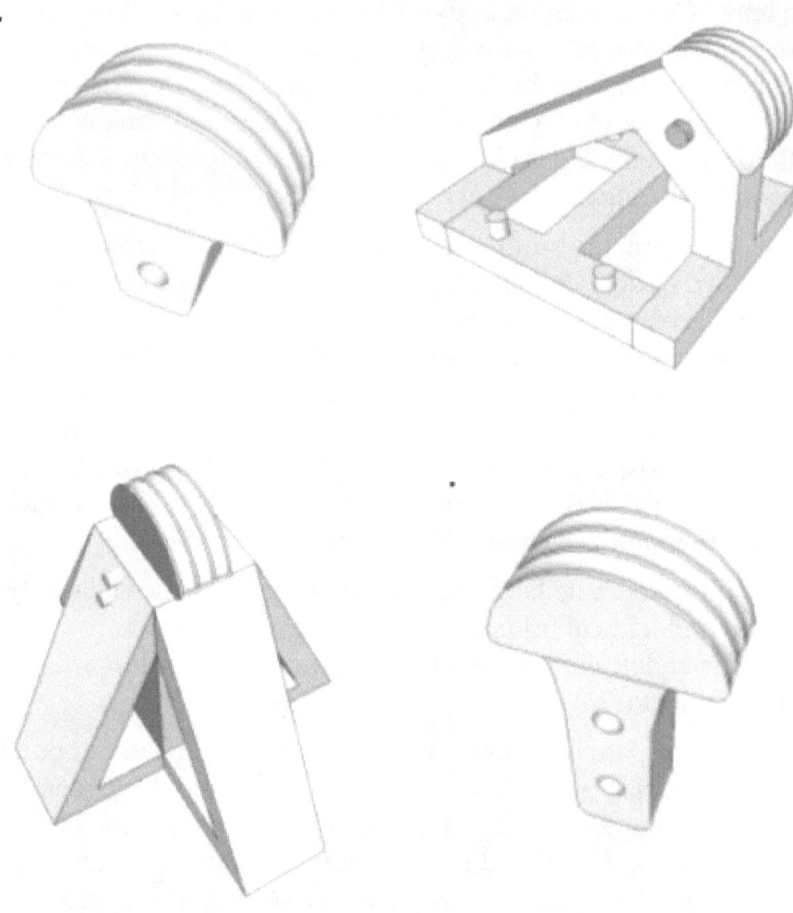

Figura 73: Apoyos para Cuerdas y su reconstrucción

**Cuerdas largas y resistentes:**

El empleo de los contrapesos propuestos requería el uso de cuerdas de importante longitud, resistentes al esfuerzo y al desgaste.

Restos de cuerdas encontrados, que datan del reinado del faraón , indican que fueron obtenidas por el método de torsión en cada una de las fibras que las componen (Ver Fig.:74).

Los materiales utilizados eran "las fibras de palma, caña, lino, hierba, esparto, pasto halfa, y el papiro. En el caso de las cuerdas encontradas en la barcaza solar de Keops fueron realizadas de hierba halfa."

Figura 74: Cuerdas utilizadas durante la IV Dinastía

El diámetro de las cuerdas descubiertas va desde finas hasta muy gruesas (6,8 cm.) correspondientes a la dinastía XIX. En lo referente a la longitud, "sólo disponemos de información procedentes de fuentes literarias, sin embargo, se hacen referencias a cuerdas de alta calidad con 1000 y hasta 1400 codos (525 a 735 metros) de longitud que eran utilizadas en el barco real, durante el Nuevo Imperio **(Arnold 1991:282)"**.

En la construcción de los sectores bajos, las cuerdas permitían la sumatoria de fuerzas realizada por cuadrillas, capaces de movilizar grandes bloques. La existencia de bloques de grandes dimensiones que fueron movidos hasta su posición final, es también una evidencia clara de que las cuerdas utilizadas durante la construcción de las pirámides de Giza alcanzaron grandes longitudes y eran muy resistentes.

**Guerrière: Sistema de Contrapesos:**

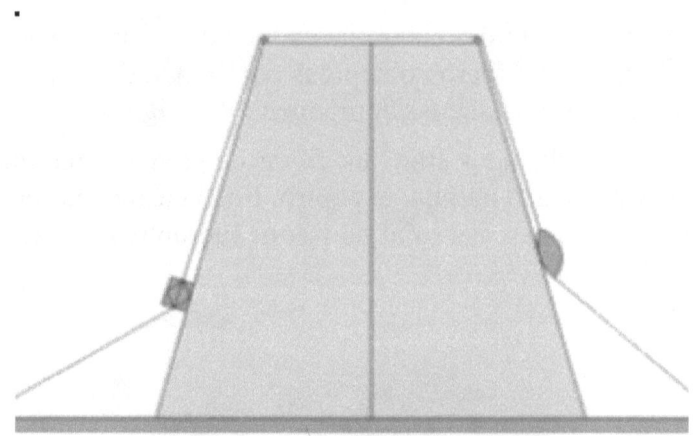

Figura 75: Sistema de Contrapeso de Guerriére

El descubrimiento de los apoyos ranurados para cuerdas y su aplicación en la construcción motivó la propuesta de Guerrière sobre el
empleo de contrapesos para elevar bloques.
Dichos apoyos ranurados o seudo-poleas son apropiados para trasmitir el esfuerzo producido en las cuerdas por el descenso de un contrapeso.

En el sistema propuesto por Guerrière, el contrapeso se desliza en una de las caras de la pirámide, mientras que el esfuerzo generado es trasmitido mediante cuerdas y apoyos ranurados lubricados, hacia la cara contraria, donde es subido cada bloque (**Verner 2001: 85**).

El empleo de contrapesos también fue propuesto por Lauer, cargados con sacos de arena y deslizándolos sobre la cara de la pirámide. Opina que dichos contrapesos fueron utilizados para complementar el esfuerzo realizado por las cuadrillas en el movimiento y colocación en sitio de las grandes losas que forman el techo de la Cámara del Rey en la pirámide de Keops.

**Transmisión de esfuerzos:**

Según Isler: "Cuando estas poleas simples se descubrieron en la meseta de Giza, el arqueólogo egipcio Selim Hassan se dio cuenta de que piedras de enorme peso pudieron ser levantadas si un número de estos dispositivos fueron utilizados simultáneamente." La técnica sugerida consiste en elevar el bloque sobre la cara de la pirámide, mediante la reorientación de la cuerda hacia la superficie de la hilada en construcción (Ver Fig. 76) en la que una cuadrilla realizaba el esfuerzo necesario para subir el bloque **(Isler 1926:258,262).**

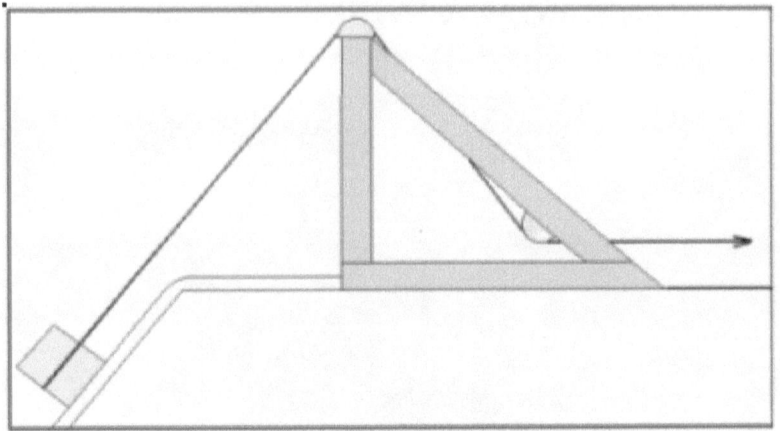

Figura 76: Transmisión utilizando soportes

**Disminución de la Fricción:**

También hace referencia al empleo de apoyos de madera lubricados, sobre los cuales se deslizaban los bloques. Las evidencias arqueológicas existentes en la rampa utilizada para elevar las vigas del techo del templo de Qasr el-Sagha, decoración en la tumba de Rekhmira mostrando una rampa similar con un bloque que es deslizado sobre rieles y finalmente restos de una rampa empinada en el primer templo de Karnak **(Arnold 1991:93)**.

Es el principio de funcionamiento del trineo, pero el bloque se desliza sobre los rieles de madera lubricados, en lugar de deslizarse junto con los rieles sobre una superficie lubricada.

### El trineo actuando como contrapeso

Luego de analizar la elevación de bloques sobre la cara de la pirámide, valiéndose de palancas, Isler hace referencia al empleo de un contrapeso cargado con piedras que se desliza sobre una cara de la pirámide. Este contrapeso es utilizado para la elevación de bloques durante la construcción sobre la cara opuesta.

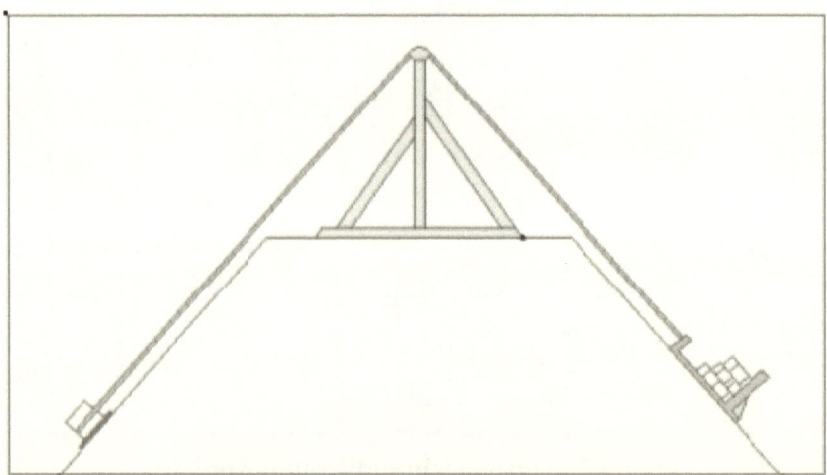

**Figura 77: Sistema de Contrapeso**

El esfuerzo es trasmitido, mediante cuerdas y un apoyo ranurado sujeto a un soporte ubicado en la cima. Cada bloque era elevado sobre la cara Sur de la pirámide hasta la hilada en construcción. **(Isler 1926:263)**.

# Conclusiones

**Versiones históricas:**

La versión recogida por el historiador Herodoto coincide con las conclusiones a las que hemos arribado. Construye la Gran Pirámide en dos etapas, satisfaciendo el requisito de "obtener perfección en la forma". Agrega una tercera etapa de terminaciones para alcanzar la forma piramidal perfecta. También utiliza una técnica de elevación de bloques diferente para la construcción del sector alto, cumpliendo con el requisito de "construir la pirámide más alta" resolviendo la dificultad de elevar los bloques de la cobertura a altura record.

Esta técnica utilizada para elevar bloques es descripta como una grúa o máquina fácil de transportar que se desplazaba de una hilada a otra. Agregado a ello, el descubrimiento de apoyos para cuerdas da indicios sobre el empleo de contrapesos.

La máquina utilizada para elevar los bloques en la segunda etapa de construcción, no era de utilidad en la primera etapa donde se aplicó un método diferente (la rampa recta y en espiral durante la construcción del núcleo y la rampa recta para la colocación de la cobertura en el sector bajo y medio). Esta apreciación también es correcta, el uso de rampas a gran altura es tan inviable como lo sería el empleo de contrapesos para elevar bloques a baja altura.

La versión de Diodoro de Sicilia es correcta en cuanto al uso de rampas para la construcción de la primera etapa y aún para la colocación de la cobertura en el sector bajo y medio, durante la segunda etapa de construcción.

# Capítulo IV

# Construcción de la Gran Pirámide

## Nivelación y Trazado de la base:

El área de la meseta de Giza donde se construyo la Gran Pirámide, presenta en su sector central un montículo de grandes proporciones que quedó incorporado a la edificación. La presencia de este montículo, significó un ahorro de trabajo en cuanto al tallado y traslado de los bloques que ocuparían ese volumen, así como la existencia de un sector central de gran estabilidad.

Una vez nivelada la superficie, se midió y orientó la base del núcleo colocando en posición sus esquinas. La existencia de orificios de sección cuadrada en el contorno de la base de la pirámide permitió realizar la nivelación del terreno y el trazado del cuadrado de la base del núcleo, mediante la aplicación del método descrito en el Avance Constructivo 1.

El montículo era un obstáculo al momento de determinar el cuadrado de la base, debido a que impedía el trazado de diagonales. Esta situación se mantuvo durante la construcción de las hiladas bajas del núcleo hasta superar la altura del montículo.

Las irregularidades que se produjeron en las medidas y forma del núcleo fueron absorbidas luego, durante la colocación de la cobertura en la segunda etapa de construcción, alcanzándose así la precisión sin precedentes observada en la base la Gran Pirámide.

## Primera Etapa - Construcción del Núcleo

### La Rampa en Espiral

Cuando los antiguos constructores llevaron adelante el emprendimiento de la Gran Pirámide, los procedimientos, tanto para el trazado de la forma del núcleo escalonado como la obtención de su estructura, ya habían sido resueltos por el faraón Seneferu, en las pirámides verdaderas que realizó en Dashur. Aún cuando la altura del núcleo escalonado de la Gran Pirámide es notoriamente mayor que las pirámides edificadas hasta el

**Figura 78: Piramidón reconstruido descubierto en la base de la Pirámide Roja.**

momento, no existieron motivos para modificar el procedimiento constructivo, ya que con él se alcanzaba sin inconveniente ese incremento de altura. Además de ser un método efectivo, habían adquirido amplia experiencia en su utilización.

El núcleo representa gran parte del volumen total de la pirámide, y la existencia de escalones en su forma facilita notoriamente su construcción, al apoyarse las rampas sobre esos escalones. El requisito de "Construir la pirámide más alta en los plazos planificados", pudo ser cumplido, en lo que al núcleo se refiere, sin necesidad de realizar innovaciones en los métodos utilizados.

**La Rampa Recta**

A diferencia de las pirámides anteriores, en la Gran Pirámide hay que considerar, la existencia de grandes bloques empleados para construir el techo de la Cámara del Rey  (70 toneladas) que fueron elevados hasta una altura sin precedentes (68 metros) y significan una dificultad adicional

Como sostiene I.E.S. Edwards, "solo un medio estaba al alcance de los antiguos egipcios para elevar bloques de gran tamaño, la rampa recta" (Edwards, 1993: 258).

Según Hawass, "Mark Lehner localizó la cantera en el lado sur de la pirámide de Keops. Esa es la única dirección que pudo contener la rampa." En las direcciones Este y Oeste hay tumbas del reinado de Keops, mientras que en el Norte no hay vestigios de canteras y la pirámide está próxima el borde de la meseta (Hawass, 1).

"La rampa comenzó en la boca de la cantera y se extendió unos 320 m hasta la esquina Sur - Oeste de la pirámide, alcanzando un aumento total de altura de 37 m con un pendiente de unos 6 grados 36 minutos." Luego de hacer referencia a que una rampa de similares dimensiones es descripta en el papiro de Anastasi (finales del Nuevo Imperio), Mark Lehner sostiene que la rampa recta no pudo llegar desde la cantera hasta la cima de la pirámide porque hubiera tenido una pendiente muy empinada.

La cantera utilizada no había sido identificada antes debido a que estaba cubierta por arena y materiales tales como restos de piedra caliza y tafla (arcilla y yeso), probablemente procedentes de la rampa, que fueron arrojados en la cantera luego de terminada la pirámide ( Lehner 1997:215).

Descubrimientos recientes reportados por Zahi Hawass, confirman la existencia de vestigios de esta rampa recta que llegaba, desde la cantera ubicada en el Sur de la meseta de Giza hasta la esquina Sur – Oeste de la pirámide.

El descubrimiento se produjo durante la colocación de cableados necesarios para la iluminación de los monumentos en Giza, para lo cual se realizaron excavaciones en el sector Sur de la pirámide. "Durante este trabajo se encontró una gran parte de la rampa utilizada para el transporte de bloques de la cantera a la base de la pirámide. Esta parte de la rampa consistía en dos muros construidos de restos de piedra mezclados con tafla. El

---

[1] http://guardians.net/hawass/pbuildrs.htm

área en el medio se rellenaba de arena y yeso que formaban el grueso de la rampa" (Hawass, 1).

Durante la construcción del sector bajo y medio del núcleo, fue necesario movilizar importante cantidades de bloques de gran tamaño. Se disponía de espacios amplios para realizar las maniobras de desplazar y ubicar en sitio estos bloques donde participaron importantes cantidades de obreros. Estos bloques de gran tamaño fueron empleados para dar consistencia y estabilidad a la estructura. El techo de las cámaras y galerías también fueron hechos con losas de grandes dimensiones para sostener el peso existente sobre ellas.

La rampa recta procedente de la cantera, llegaba a la esquina Sur-Oeste del núcleo y avanzaba sobre la cara Oeste de la pirámide hasta una altura de 30 metros (Hawass, 1).

Figura 79: Gran Bloque en la meseta de Giza

Considerando el trazado de la rampa y la existencia de bloques de gran porte (70 toneladas) en el techo de la Cámara del

Rey a 68 metros de altura, la rampa debió continuar apoyada sobre los escalones del núcleo en la cara Oeste y Norte, hasta alcanzar esa altura en que los grandes bloques dejan de ser utilizados.

Las losas de granito de la Cámara del Rey procedían de la lejana cantera de Assuán y eran traídos mediante barcos hasta el puerto existente en Giza. Una rampa accesoria conectaba el puerto con la rampa principal procedente de la cantera, por la cual fueron elevadas estas losas hasta su posición final.

Superada la altura en que se encuentran los grandes bloques del techo de la Cámara del Rey, (68 m) la construcción de la estructura se continúa conforme al método tradicional, utilizando rampas apoyadas sobre los escalones del núcleo. Las aristas (esquina de los escalones) quedaban a la vista para permitir así los chequeos necesarios. La calzada de esta rampa es algo menor que el ancho de un escalón del núcleo (15 metros).

El descubrimiento del pueblo de los constructores también ha sido uno de los avances notables en la comprensión de esta temática.

## Determinación del Punto de Cima

Mientras la construcción del núcleo escalonado de la Gran Pirámide avanzaba, se debían realizar simultáneamente las mediciones necesarias para obtener una forma lo más precisa posible, si bien las desviaciones serían absorbidas en la colocación de la cobertura.

Durante la construcción del núcleo, la ubicación del punto de cima no estaba determinada aún, de manera que los controles de las aristas (recta pasante por las esquinas de los escalones) no pudieron ser hechos tomando ese punto como referencia, sino que debieron ser realizados por medición de las hiladas en construcción.

La inevitable acumulación de errores producido por la indeterminación del punto de cima y la imprecisión de los instrumentos daba como resultado la obtención de superficies defectuosas en cada hilada.

La construcción del núcleo se debió detener antes de llegar a la cima, para absorber las desviaciones acumuladas durante su construcción, formando una plataforma cuadrada similar a la que se observa actualmente en la pirámide de Khufu. Sobre esta plataforma se construyó una elevación central sobre la que se colocó el piramidón.

Finalizada la primera etapa de construcción y estando el núcleo terminado, era necesario despejar el lugar para iniciar la colocación de la cobertura. El sector de la rampa que se encontraba apoyada en el núcleo debió ser removido para dejar libre la base de la pirámide donde se apoyará la cobertura.

**Trazado de la forma piramidal:**

Luego de construido el núcleo escalonado y ubicado el piramidón
en la cima, los antiguos constructores se encontraban en mejores condiciones de cumplir con el requisito de "obtener perfección en la forma y orientación", que durante el trazado de la base del núcleo a nivel del suelo. Al disponerse del punto de cima el trazado de la forma piramidal es obtenido con mayor precisión, por proyección de las aristas del piramidón hacia cada escalón del núcleo hasta llegar a la base de la pirámide.

El piramidón fue nivelado y orientado según los puntos cardinales antes de proyectar sus aristas. La nivelación y orientación del piramidón se obtiene utilizando los procedimientos descritos en el Primer Avance Constructivo.

Para la nivelación del piramidón se utiliza la escuadra niveladora (sequed), mientras que su orientación se obtiene recurriendo a la sombra producida por el propio piramidón o bien por un poste situado en la cima o próximo a ella.

La precisión con que se determina el Norte utilizando un poste a gran altura es mayor que si el poste se encuentra sobre el suelo (Ver Primer Avance Constructivo), debido a que la amplitud de la sombra proyectada es mayor, permitiendo determinar la sombra más corta con exactitud.

La determinación del Norte se realiza a una altura del año en que la sombra cae próxima a la base del núcleo de la pirámide y se aleja de ella en los días siguientes.

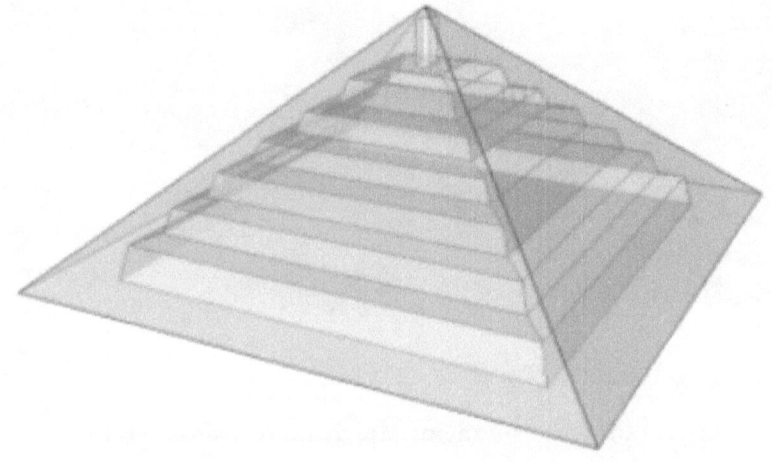

**Figura 80: Trazado de la forma piramidal**

Esto ocurre por ejemplo durante el Equinoccio de Otoño en que el sol tiene una elevación de 60 grados y comienza a disminuir. (http://www.srrb.noaa.gov/highlights/sunrise/azel.html).

El Sol se encontrará en la **máxima elevación** [2] de cada día cuando la **azimut** [3] es de 180 grados, esto ocurre cuando el Sol está en el punto cardinal Sur. En ese instante la curva tiene su sombra más corta y está dirigida exactamente hacia el Norte.

Trazando la sombra en los días siguientes obtendremos curvas similares desplazadas hacia el Norte. Uniendo los puntos de sombra más corta obtendremos una línea en dirección Norte-Sur que llamaremos línea de orientación, con una precisión mayor que la obtenida durante el trazado de la base del núcleo.

---

[2] Elevación: es el ángulo medido entre la dirección del sol y el horizonte.

[3] Azimut: es el ángulo medido sobre el horizonte que forman el punto cardinal Norte y la proyección vertical del sol sobre el horizonte, medido en dirección horaria.

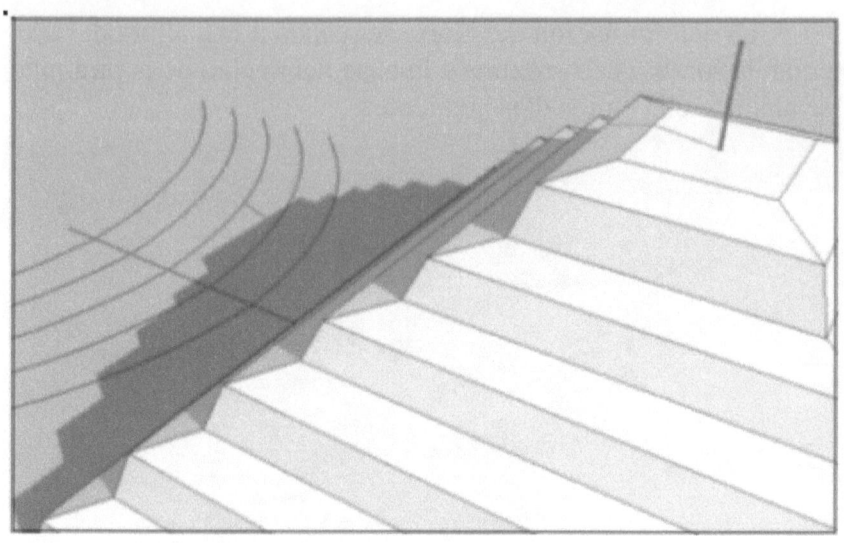

**Figura 81: Determinación del punto cardinal Norte**

M. A. Robert descubrió en el centro del nivel de cima de la pirámide de Meidum, un agujero circular de 6 pulgadas de diámetro y 12 pulgadas de profundidad (15x30 cm.). Según Mendelssohn, este agujero fue utilizado para colocar un marcador con el cual se señaló el punto de cima de la pirámide necesario para trazar la forma piramidal.

Mark Lehner por su parte entiende que el agujero está muy distante de lo que sería el punto de cima, por lo cual el poste debería tener un largo de más de veinte metros siendo su diámetro muy pequeño para ese fin.

Interpreta que el agujero descubierto sirvió para contener un madero en el que se sujetó una cuerda utilizada para medir las diagonales de la hilada.

En mi opinión y retomando el procedimiento descrito para trazar la línea Norte – Sur., este orificio descubierto por Robert permitió mantener vertical un madero o poste, que a juzgar por su diámetro (15 cm.) tenía una altura considerable pero sin alcanzar el punto de cima, como bien sugiere Lehner. Un poste con esas características y ubicado en esa posición es el adecuado para trazar mediante la proyección de su sombra, la **línea de orientación** (Ver Fig.81).

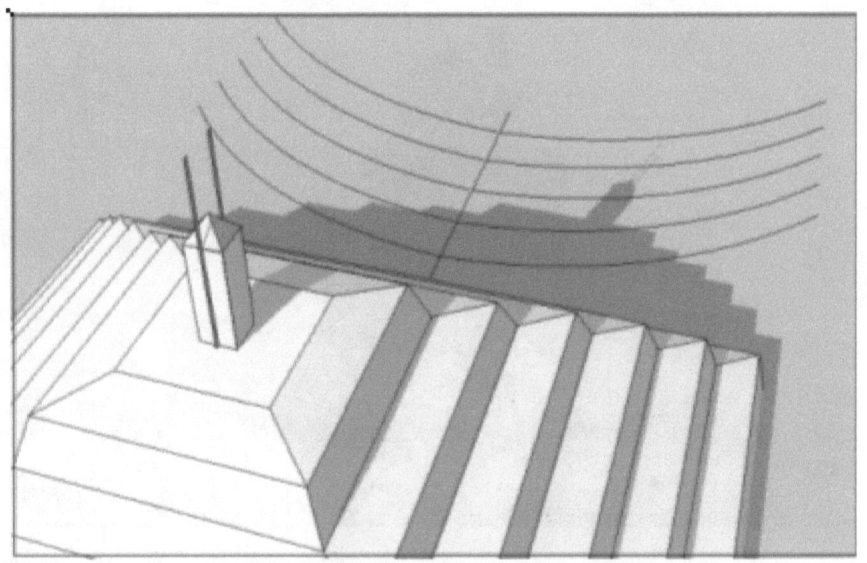

**Figura 82: Orientación del Piramidón**

Esta orientación se consigue colocando dos marcadores verticales en el centro de la base Norte y Sur del piramidón (ver figura). Cuando el piramidón se encuentra correctamente orientado, la sombra producida por estos marcadores se superpone a la línea de orientación trazada, sobre el suelo, en el momento en que la sombra de los marcadores alcanza esa línea (Ver Figura 82, Sol en punto cardinal Sur, acimut 180 grados).

**Primer trazado:**

La primera aproximación al trazado de la forma piramidal se consigue proyectando las aristas del piramidón hacia la base de la pirámide. Esta proyección se realiza en etapas, de escalón en escalón, mediante la colocación de marcadores en las esquinas. La proyección de las arista se efectúa a ojo desnudo, desde el piramidón hacia los marcadores hasta llegar al vértice de la base y verificando en sentido contrario, desde cada marcador hacia el piramidón. *

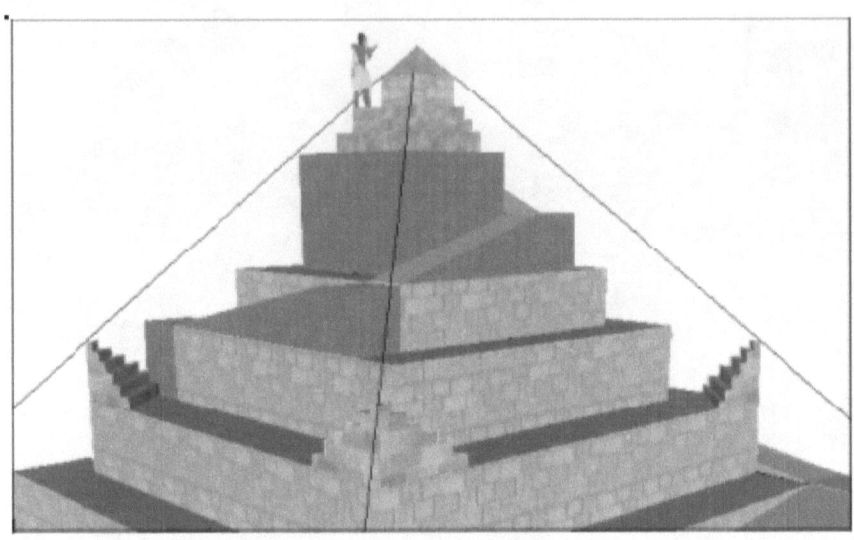

**Figura 83: Trazado de las aristas y apotemas**

 * Nota: La resolución angular del ojo desnudo (capacidad de separar dos objetos de una imagen) se estima entre 30 y 60 cm. a una distancia de 1 km.

Los marcadores consisten en  construcciones en las esquinas de cada escalón que se levantan hasta interceptar la proyección de cada arista (Ver Fig.83). Estos marcadores son puntos intermedios en la proyección de las aristas y se los une utilizando un cordel.

        También se proyectan las líneas de la cobertura correspondientes al centro de cada cara realizándose las mediciones complementarias sobre la horizontal de cada hilada, para verificar la precisión de la forma cuadrada de la cobertura.

# El Modelo de Sombras:

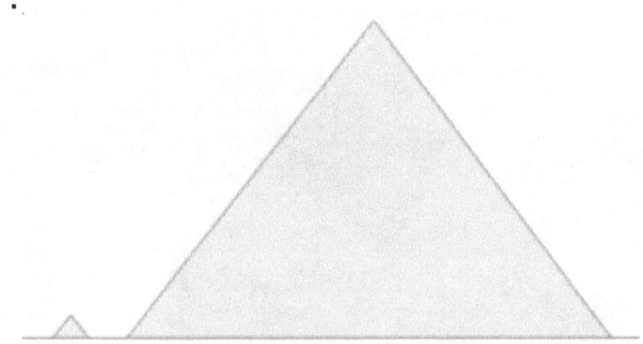

Figura 84: Modelo de Sombras

Obtenida esta primera forma y orientación, es necesario realizar sucesivos chequeos y ajustes tendientes a obtener la mayor perfección. Las aristas deberán ser rectas y las esquinas estar correctamente ubicadas.

La dificultad para obtener precisión en la forma y orientación de esta pirámide radica en sus colosales dimensiones. Un modelo a escala de la pirámide es trazado y orientado con mayor exactitud por ser de menor tamaño. En mi opinión, un modelo fue utilizado como referencia para corregir el trazado de la pirámide hasta que los patrones de sombras producidas por ambas pirámides coincidieran. Dada una ubicación del sol durante el día, la sombra proyectada por la pirámide pequeña será en escala la misma que proyecta la pirámide grande (Ver Fig.: 85).

Para determinar las sombras que fueron útiles a los antiguos constructores, desarrollaremos un modelo de la pirámide para visualizar la sombra de la pirámide en diferentes alturas del año. El empleo de este procedimiento revela cual era la utilidad de hacer caras cóncavas, como puede observarse en esta pirámide. La concavidad en las caras de la pirámide hace que tenga ocho caras en lugar de cuatro como es tradicional.

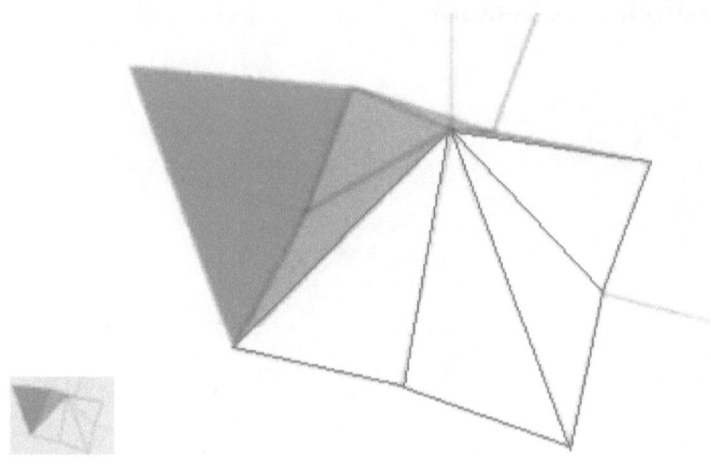

**Figura 85: Sombra Proyectada**

## Sombras en los Equinoccios:

Al igual que otras culturas agrícolas, los antiguos egipcios sabían que existen dos días en el año en que el sol sale exactamente por el Este y se oculta por el Oeste. Estos días son llamados Equinoccios, por tener la noche la misma duración que el día.

El equinoccio de primavera (20 de marzo en el hemisferio Norte) marca el fin del invierno y el comienzo de los cultivos, mientras que el equinoccio de otoño marca el fin del verano (20 de setiembre en el hemisferio Norte).

Los constructores mayas por ejemplo, utilizaron la proyección de la sombra de la arista para indicar el equinoccio. En la pirámide maya de Kukulkan en Chichen Itza en México en la que la sombra de la arista proyectada sobre la escalera ubicada en su apotema, produce la imagen de una serpiente que desciende desde la cima de la pirámide.

Un fenómeno de características similares fue reportado por André Pochand en la Gran Pirámide **(Pochand 1979, 245)**. En el modelo observamos ese fenómeno, que produce la sombra proyectada en el amanecer del equinoccio de marzo. El sol sale exactamente por el Este, estando las sombras proyectadas sobre la cara Sur y Norte orientadas perfectamente en las direcciones Este-Oeste. La concavidad de las caras nos permite visualizar la sombra (Ver Fig.:86).

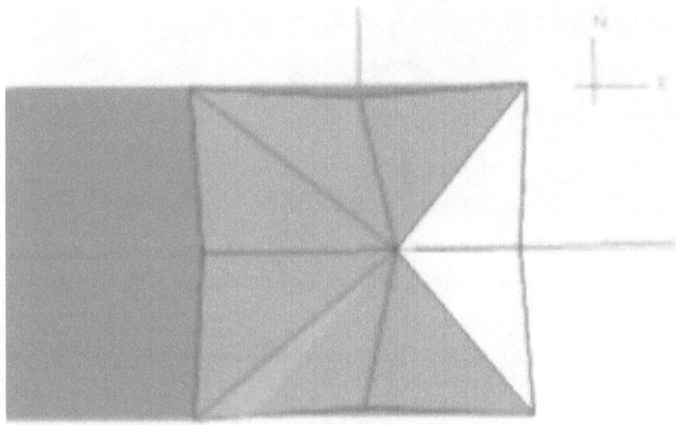

**Figura 86: Sombra en dirección Este – Oeste**

Algunos instantes después del amanecer se produce el desplazamiento rápido de la sombra tanto sobre la cara Sur como la Norte, hasta alcanzar la apotema.

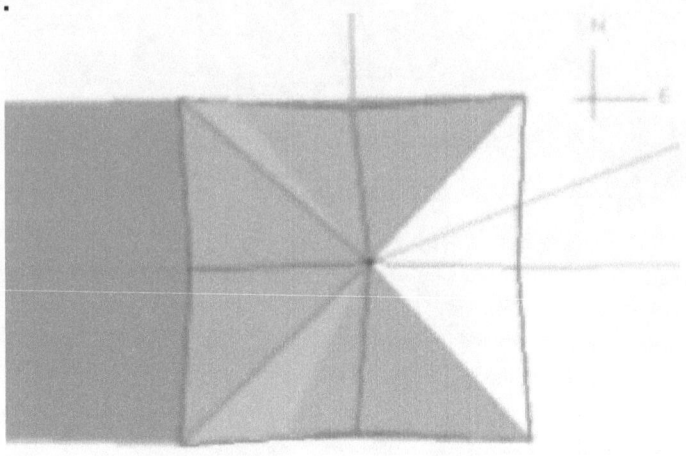

**Figura 87: Iluminación de la cara Sur (1)**

Primero queda iluminada la mitad izquierda de la cara Sur (1) y luego la cara Norte (2).

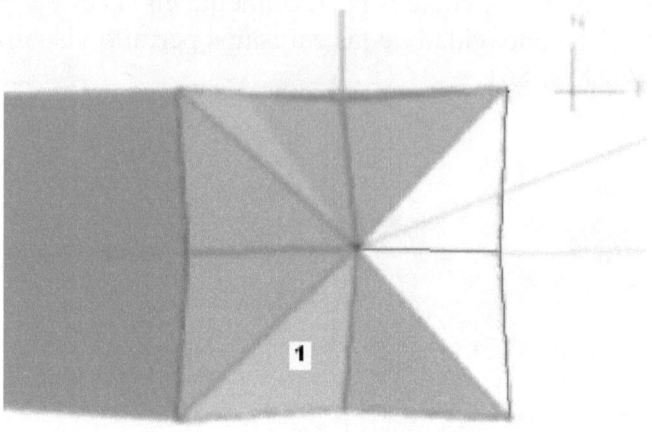

Figura 88: Sombra Proyectada por las aristas

La sombra es producida por las aristas de la cara Este que se proyectan sobre las apotemas de la cara Sur y Norte.

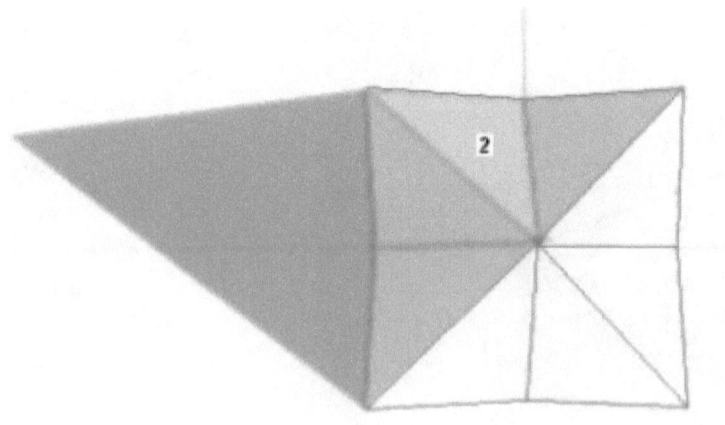

Figura 89: Iluminación de la cara Norte (2)

Al progresar la ascensión de sol comienza a iluminarse el sector izquierdo de la cara Oeste. La sombra producida por la arista izquierda de la cara Sur, se desplaza rápidamente hasta llegar al apotema (3). El contraste es menos intenso que en el amanecer por encontrarnos en horas próximas al mediodía.

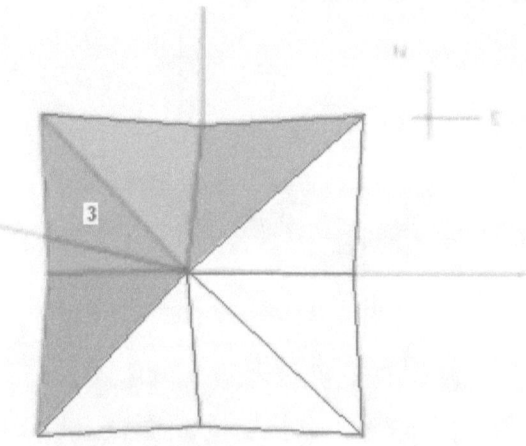

Figura 90: Iluminación de la cara Oeste

En el atardecer se producen se producen las mismas proyecciones en sentido opuesto (4).

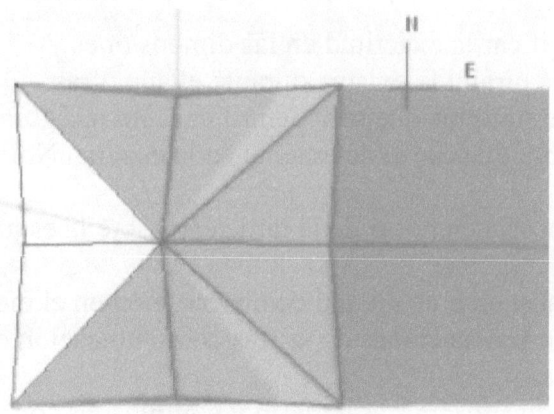

Figura 92: Proyecciones durante el atardecer

Este (4)

Así hemos recorrido la proyección de las sombras de cada una de las aristas sobre las apotemas. Estas proyecciones ocurren gran parte del año, cada vez que la sombra corta la pirámide.

**Otras Sombras Proyectadas:**

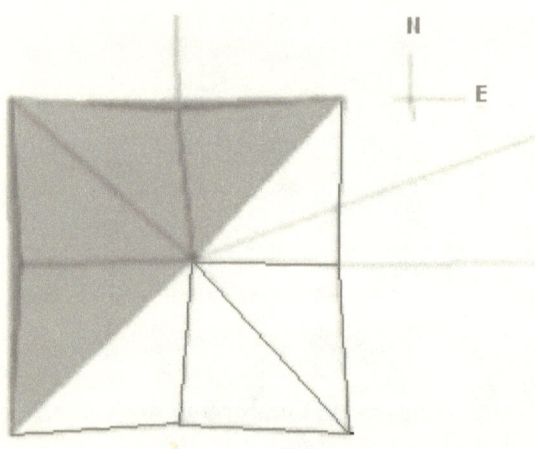

**Figura 93: Proyección sobre la esquina Norte – Oeste**

Para verificar la exactitud en las dimensiones y orientación de la pirámide existen durante el año otras proyecciones de sombras que son de utilidad. En la figura 93 se observa la sombra que cae exactamente en la esquina Norte-Oeste.

El mismo día en horas de la tarde cae sobre la esquina Norte-Este (Ver Fig.:94).

En el transcurso de un año de observación en el modelo, se detectan tanto proyecciones de aristas como ubicación de esquinas y lados.

También se producen sombras a diario y combinadas con mediciones, proporcionan referencias para chequear el trazado.

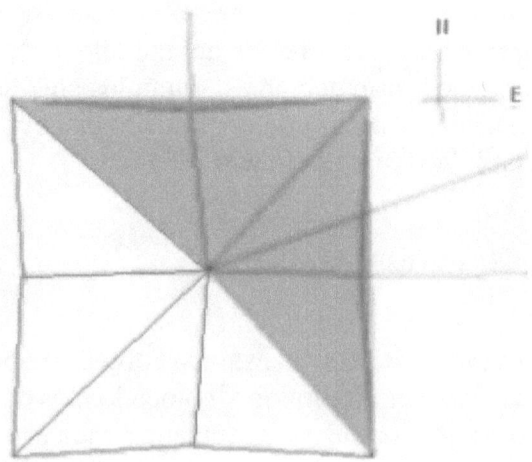

**Figura 94: Proyección sobre la esquina Norte – Este**

Por ejemplo, utilizando en el modelo líneas accesorias, paralelas a las caras que permitan ubicar el punto A y determinando su ubicación en la explanada Norte de la pirámide, se traza o verifica la posición del lado Oeste (Ver Fig.:95).

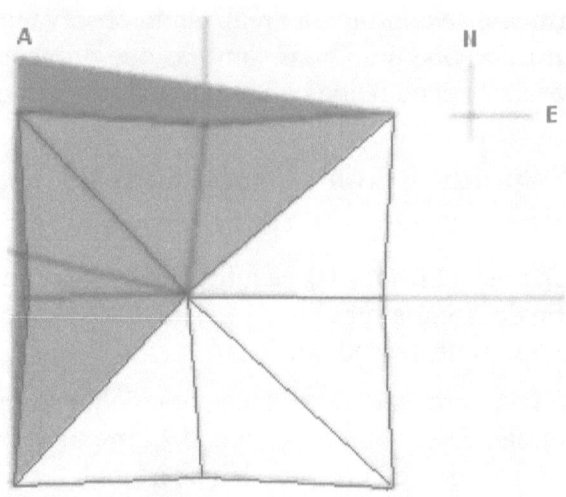

**Figura 95: Proyecciones accesorias**

Esta información obtenida del modelo y utilizada para realizar el trazado y orientación así como los chequeos y ajustes necesarios permite cumplir con el requisito de "obtener perfección en la forma y orientación".

**Trazados, Chequeos y Ajustes:**

Una vez dispuestas las esquinas obtenidas por proyección de las aristas desde el piramidón y colocados los cordeles (con los marcadores que los sujetan) señalando cada arista así como las apotemas, se pasa a realizar chequeos y los ajustes resultantes.

Para utilizar la información obtenida del modelo de sombras, es necesario que los cordeles colocados en las aristas de la pirámide proyecten también su sombra. Para ello recurriremos a tela de lino para unir cada cordel con el núcleo de manera de proyectar una sombra bien definida.

Ajustada la posición de las esquinas utilizando la información proporcionada por el modelo, se pasa a chequear la rectitud de las aristas en su proyección sobre las apotemas.

Posteriormente se continuarán realizando observaciones y ajustes sobre el trazado obtenido y las sombras que proyecta, hasta que el patrón de sombras coincida con el proporcionado por el modelo.

## Segunda Etapa - Colocación de la Cobertura

Una vez ubicadas las esquinas de la base, comenzó la colocación de la cobertura hilada tras hilada obteniendo así la forma de pirámide verdadera.

La rampa recta procedente de la cantera, debió ser removida en su tramo final, dejando la superficie del terreno despejada para permitir el trazado de la base de la cobertura (Ver Fig. 96).

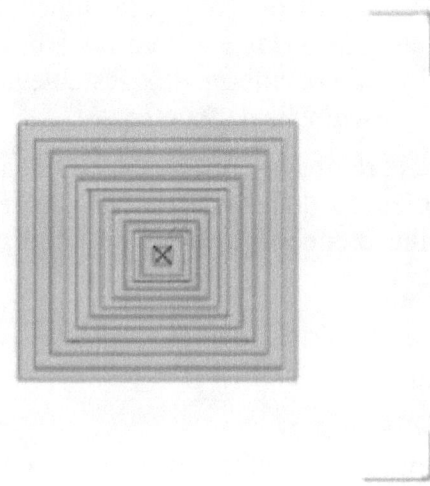

Figura 96: Superficie de la base.

## Sector Bajo:

La superficie en construcción de la cobertura en el sector bajo, es sumamente amplia. Los bloques a colocar son numerosos y de grandes dimensiones, pudiendo alcanzar las 15 toneladas de peso.

La técnica más efectiva para elevar esos bloques es utilizar la rampa recta de calzada amplia, permitiendo el acceso y circulación de numerosas cuadrillas arrastrando trineos cargados con bloques. Utilizando este procedimiento se avanza a buen ritmo en el sector bajo permitiendo cumplir con el requisito de "construir la pirámide en los plazos establecidos".

La rampa tenía que estar dispuesta de forma que no ocultara las aristas de la pirámide para permitir los chequeos necesarios durante la colocación de la cobertura. Esta rampa comunicaba con la cantera de donde provenían los bloques de relleno y respaldo, y con el puerto en el que se desembarcaban los bloques del revestimiento.

El monitoreo de las aristas durante la colocación de la cobertura, se realizaba tanto desde las esquinas de la base como desde el piramidón y los puntos intermedios, establecidos sobre las esquinas de los escalones del núcleo.

La calzada de la rampa se continuaba en línea recta sobre la superficie horizontal de la cobertura en construcción. A medida que se colocaba la cobertura, la rampa, así dispuesta ganaba altura.

**Sector Medio:**

La cantidad de material a acumular en la rampa se incrementa al aumentar la altura insumiendo cada vez más trabajo y tiempo. A ello se suman incertidumbres estructurales producidas por desprendimiento de material de la rampa que cede bajo su propio peso y que produce movimientos en el revestimiento de la pirámide.
En contrapartida, la cantidad de bloques a colocar en la cobertura es cada vez menor y de menor peso y tamaño.
Teniendo presente este contexto, la construcción de la rampa recta debió detenerse a cierta altura continuando la colocación de la cobertura con un método alternativo. Este procedimiento estaba previsto desde la planificación del proyecto.
La altura máxima a la que se pudo construir la rampa, seguramente estaba próxima a la altura media de la pirámide. Esta altura equivale a la altura alcanzada en la pirámide de Meidum en la que se utilizó una rampa de similares características para revestirla.
A esta altura se continuó colocando la cobertura, utilizando otro método que fuera menos trabajoso e incierto y que insumiera menos tiempo.
El método disponible para ser utilizado y que mejor se adecua al trabajo a realizar, consistía en elevar los bloques sobre la cara de la pirámide. Cada bloque es elevado mediante el esfuerzo realizado por  cuadrillas desde la superficie en construcción de la

cobertura. Dicho esfuerzo se trasmite mediante cuerdas y apoyos fijos hasta el trineo que contiene el bloque a subir.

El trineo se deslizó sobre una superficie en madera lubricada para disminuir la fricción y el esfuerzo necesario para subir el bloque hasta la hilada en construcción. Una vez elevado el bloque, era trasladado sobre la superficie en construcción de la cobertura, hasta ocupar su posición final.

**Sector Alto:**

A medida que se ganaba altura, el tamaño de la superficie horizontal de la cobertura en construcción disminuía cada vez más.

Tanto el largo como el ancho de los escalones son cada vez menores. Llega un punto en que la superficie es insuficiente para contener la cuadrilla que realiza el esfuerzo de subir los bloques y a su vez, la distancia a ser recorrida por los bloques sobre la cara de la pirámide es cada vez mayor (Ver Fig. 97).

La ausencia del espacio necesario para construir este sector requiere nuevamente, adoptar en un procedimiento complementario que hiciera posible concretar la colocación de la cobertura.

Este procedimiento estaba previsto desde la planificación del proyecto.

"Claramente, debemos de ser cuidadosos de no asumir que lo que funcionó en el sector bajo fue igualmente exitoso próximo a la cima. El problema de elevar y maniobrar bloques era más extremo en ese nivel. Simplemente no había espacio"...... **(Lehner 1997:222).**

Mientras que la colocación de la cobertura en el sector bajo consistía en elevar grandes bloques, que eran movidos en amplios espacios donde participaban muchas cuadrillas, capaces de realizar grandes esfuerzos en el sector alto la situación era la opuesta. Los bloques eran más chicos (500 a 1000 Kg. en Kefren) y los espacios reducidos, requiriéndose de pocos hombres y soluciones ingeniosas para realizar la tarea.

**Figura 97: Superficie horizontal de la cobertura en el sector alto**

La técnica disponible para complementar el esfuerzo realizado por la cuadrilla, o bien para elevar directamente los bloques a gran altura, es el contrapeso. Al descender el contrapeso, genera un esfuerzo en las cuerdas que es trasmitido mediante apoyos fijos a la cara opuesta de la pirámide en la que son elevados los bloques.

El contrapeso que se torna imprescindible para elevar los bloques en el sector alto, también era de suma utilidad en sectores medios al complementar el esfuerzo de las cuadrillas.

Para visualizar el funcionamiento del método necesario para elevar los bloques de la cobertura hasta el sector alto, consideremos que estamos parados próximos a la cima, sobre la superficie horizontal de la cobertura ya colocada.

La cabecera de la rampa se encuentra a una centena de metros abajo, apoyada sobre la pendiente de la cara Sur de la pirámide. Un trineo cargado con bolsas de arena, oficiando como contrapeso, se desliza descendiendo sobre la cara Norte de la pirámide, haciendo subir el trineo cargado con el bloque desde la cabecera de la rampa, sobre la cara Sur (cara opuesta) hasta la hilada en construcción.

Ambos trineos se desplazan en guías de madera apoyadas sobre el revestimiento ya colocado, el cual presenta un sobre espesor que será removido al realizarse las terminaciones.
El esfuerzo es trasmitido de un trineo a otro mediante cuerdas lubricadas que se deslizan sobre dos apoyos ranurados fijos.
Otros bloques esperan depositados sobre la cabecera de la rampa, el turno para ser elevados. Encima nuestro termina el núcleo de la pirámide, en una hilada de piedras que forma la plataforma de cima. Esta plataforma es una superficie cuadrada, de diez metros de lado, en el centro de la cual fue construido un montículo, coronado por el piramidón.

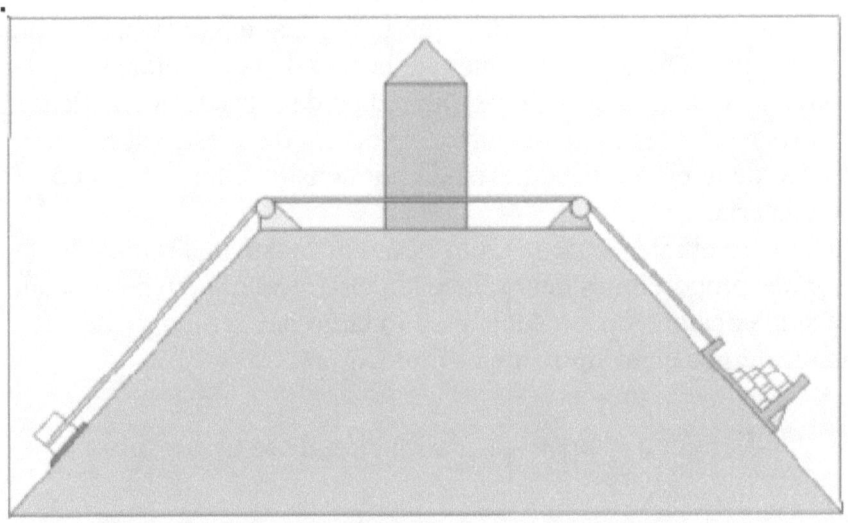

**Figura 98: Elevación de bloque mediante contrapeso**

Las cuerdas atraviesan la plataforma de cima, pasando a un costado del piramidón.

El contrapeso trabajaba en un plano desplazado, debido a la presencia del piramidón en el centro de la plataforma. Este detalle es relevante como lo veremos en el siguiente capítulo. Elevado cada bloque de la cobertura, es descargado y trasladado mediante cuerdas y palancas hasta su posición final.

El empleo de un contrapeso para colocar la cobertura, requería la maniobra de descargarlo al llegar a su posición más baja, subir las bolsas de arena (carga del contrapeso) hasta la cima, elevar el contrapeso y volverlo a cargar.

Inicialmente, antes de colocar la cobertura, el contrapeso tenía que deslizarse sobre superficies de madera fijas a los escalones de la estructura del núcleo. Cuando la colocación de la cobertura avanza, el contrapeso se deslizará sobre las guías de madera sujetas a los bloques del revestimiento.

En estas circunstancias, la abrupta pendiente de la cara de la pirámide, la gran altura en la que opera el contrapeso y el limitado espacio existente en la cima hace que las dificultades para trabajar con el contrapeso sean cada vez mayores.

La solución a esta dificultad, requería deslizar el contrapeso sobre una rampa de menor pendiente que la cara de la pirámide y en una ubicación más accesible. Una rampa de estas características tendría necesariamente que ubicarse dentro de la estructura del núcleo de la pirámide adquiriendo por consiguiente la forma de una galería.

En el interior de la Gran Pirámide existe una rampa de grandes proporciones denominada la Gran Galería cuyo propósito ha sido considerado sin solución a lo largo del tiempo y que analizaremos en el siguiente capítulo.

### Tercera Etapa - Terminación de la Cobertura

Una vez colocados los bloques de la cobertura hasta alcanzar la cima, se procedió a dar la terminación de las caras, retirando el espesor sobrante de los bloques del revestimiento, alisando la superficie de cada cara de la pirámide y puliéndola (Ver Fig. 99).

Los bloques del revestimiento fueron colocados en posición tomando como guías las aristas de cada cara. Estas guías son cordeles tendidos desde el piramidón hasta la esquina de la base con sujeciones colocadas a intervalos regulares. Cordeles horizontales fueron tendidos y tensados entre las guías, en el nivel de cada hilada a revestir.

Estos cordeles estaban distanciados de la superficie del revestimiento y eran la referencia a utilizar para colocar los bloques y remover luego el espesor sobrante.

En la colocación del bloque se empleaba la referencia de los cordeles así como la línea trazada en la cara lateral del bloque que indicaba el comienzo del bloque.

La existencia de espesor sobrante en el revestimiento tenía por objeto que la cara visible de los bloques de revestimiento fuera cincelada y pulida en conjunto, obteniéndose así una terminación precisa.

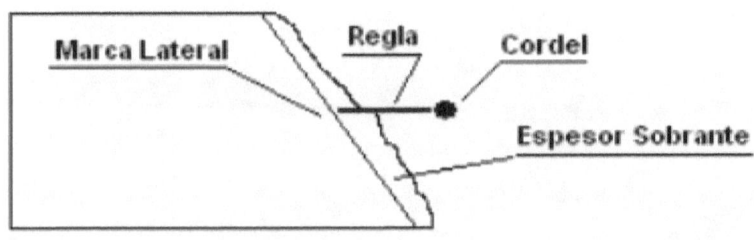

**Figura 99: Terminaciones del Revestimiento**

La pirámide ciertamente no es una escultura, en la que el artista realiza el tallado en base a su inspiración. Se trata de una obra civil de grandes proporciones donde participaron muchos obreros. La exigencia de satisfacer el requisito de la perfección de la forma con niveles de excelencia es claramente visible en los resultados obtenidos y requirió la aplicación de un procedimiento claro, fácilmente reproducible y efectivo.

La existencia del espesor sobrante en los bloques del revestimiento nos habla de la perfección buscada. La existencia de guías tomadas a partir de las aristas y apotemas permitieron obtener una superficie plana y precisamente posicionada.

# Capítulo V

# El propósito de la Gran Galería

Así como la Gran Pirámide marca el auge de éstas construcciones, la Gran Galería representa el apogeo en el desarrollo arquitectónico dentro de la propia pirámide **(Lepre 1990:79).**

La Gran Galería cumplió la función de ser un corredor para acceder a la cámara superior. Sin embargo, su diseño presenta características que no pueden ser explicados únicamente por esta función (Ver Capítulo II).

"Hay características únicas en la galería que durante siglos han dejado perplejos a los investigadores" Se requiere "comprensión clara de todas las piezas del puzzle….., para explicar el propósito de la Gran Galería en relación con la pirámide en su conjunto". Hasta el presente ningún estudioso de las pirámides ha conseguido explicar la existencia de la Gran Galería y sus particularidades **(Lepre 1990: 79).**

Según F. Petrie: La Gran Galería fue utilizada como depósito de los bloques tapón que se encuentran ahora en el corredor ascendente. "Pero entonces nos encontramos con un hecho extraordinario, que el acceso a la Cámara del Rey, fue trepando sobre los bloques tapones, ya que estaban almacenados en la Gran Galería, o subiendo por las banquetas a ambos lados de ellos. Sin embargo, como existe la imposibilidad física de que los bloques hubieran sido almacenados en otro lugar antes de deslizarlos al corredor, quedamos varados en este punto" **(Petrie, 1883: 64).**

Según Robert Bauval: "La Gran Galería es el sector interior más elaborado y misterioso de toda la pirámide. …no estaba destinada a que subieran y bajaran personas, sino para servir a otra especializada o específica función." "Muchos han señalado que la Gran Galería se parece a una máquina, cuya función está más allá de nosotros.... Nadie tiene la respuesta al enigma de la Gran Galería y quizás nadie jamás lo tendrá" **(Bauval 1994: 51).**

No obstante, esta primera impresión, comprender el propósito de la Gran Galería, no debería presentar mayores complejidades, si nos ubicamos en la  perspectiva y en el escenario en que se encontraban los antiguos constructores al momento de tomar decisiones.


## La Rampa Interior


En este capítulo formularé mi interpretación de la Gran Galería y su relación con la técnica utilizada para elevar los bloques de la cobertura en los sectores medios y altos de la Gran Pirámide.

La Gran Galería es un plano inclinado o **rampa interior** que por el hecho de encontrarse dentro de la estructura del núcleo de la pirámide **adquiere la forma de una galería**.

Esta galería tiene la infraestructura necesaria para deslizar en su interior un contrapeso. Dispone de dos guías de piedra a nivel del piso, junto a las paredes. Otro detalle interesante son los bloques de piedra encastrados en las paredes a intervalos regulares, aptos para cumplir con la función de detener el contrapeso en posiciones intermedias.

El recorrido del contrapeso interior tiene que ser acorde con el recorrido del trineo portando el bloque a elevar en el exterior.

Esta función de la Gran Galería determina el diseño de la misma y su ubicación dentro de la estructura del núcleo como veremos seguidamente.


## Ubicación de la Gran Galería


a)  <u>Ubicación en el plano Norte-Sur</u>: La Gran Galería **tiene la singularidad de terminar exactamente en el plano central de la pirámide**. Para que la Gran

Galería pudiera cumplir la función de contener un contrapeso, la cuerda que trasmitía el esfuerzo hacia el exterior debió subir verticalmente desde el sector más alto de la Gran Galería hasta alcanzar la cima a través de un conducto que denominaremos "**conducto de la cuerda**" (Ver Fig.:100).

b) Ubicación en el plano Este-Oeste: La Gran Galería, **fue construida en un plano, desplazado del plano central Norte-Sur, 7,5 metros hacia el Este.** La asimetría es un elemento atípico en la arquitectura egipcia, que utilizaba la simetría como elemento predominante. Esta asimetría en la ubicación de la Gran Galería responde a una razón relevante en el diseño que confirma su función (Ver Fig.:101).

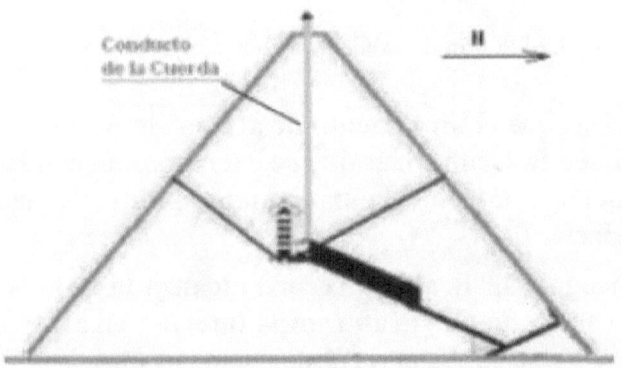

**Figura 100: Ubicación de la Gran Galería en el plano Norte - Sur.**

La existencia de conductos de gran longitud y pequeña sección atravesando la albañilería del núcleo son característicos de esta pirámide. (Ver Capítulo.: I).
Proyectando el sector alto de la Gran Galería, donde se encuentra el gran escalón, verticalmente hacia la cima de la pirámide, vemos que el **conducto de la cuerda** necesario para transmitir el esfuerzo al exterior, **saldría a un costado del piramidón.**

La  ubicación de la Gran Galería desplazada del plano central evidencia el propósito principal con que fue incluida en el diseño, que consistió en **contener un contrapeso utilizado durante la colocación de la cobertura en el sector medio y alto de la pirámide** (Ver Fig.:104).

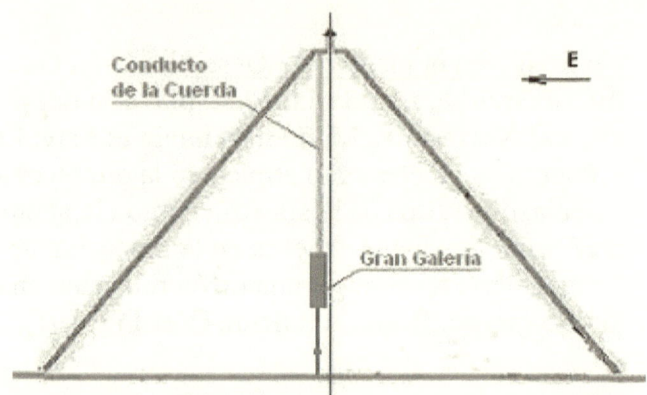

**Figura 101: Ubicación de la Gran Galería en el plano Este - Oeste.**

Es así que **el incremento de altura sin precedentes alcanzado en la Gran Pirámide se corresponde con la existencia en su interior de un elemento innovador como es la Gran Galería.**

Ambas incógnitas, **"la altura record alcanzada"** y la **"incorporación de una gran rampa interior"** en el diseño, están relacionados y se explican recíprocamente.

## La Distribución Interior de la Gran Pirámide

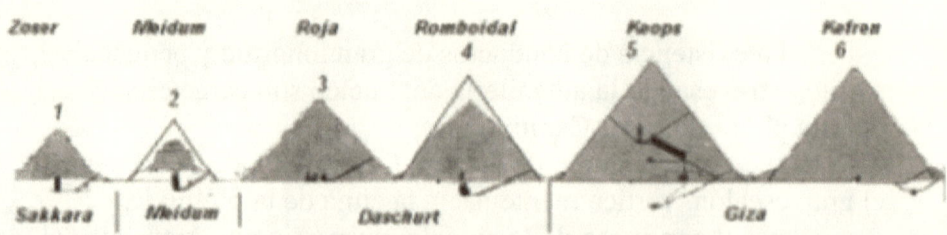

**Figura 102: Distribuciones Interiores**

La distribución de cámaras y corredores que componen el interior de las pirámides inicialmente se hacían subterráneas y luego pasaron a   incorporarse en la estructura a nivel de su base. En la Gran Pirámide se da un diseño atípico en el cual las cámaras y corredores ganan altura dentro de la estructura (Ver Fig.:103).

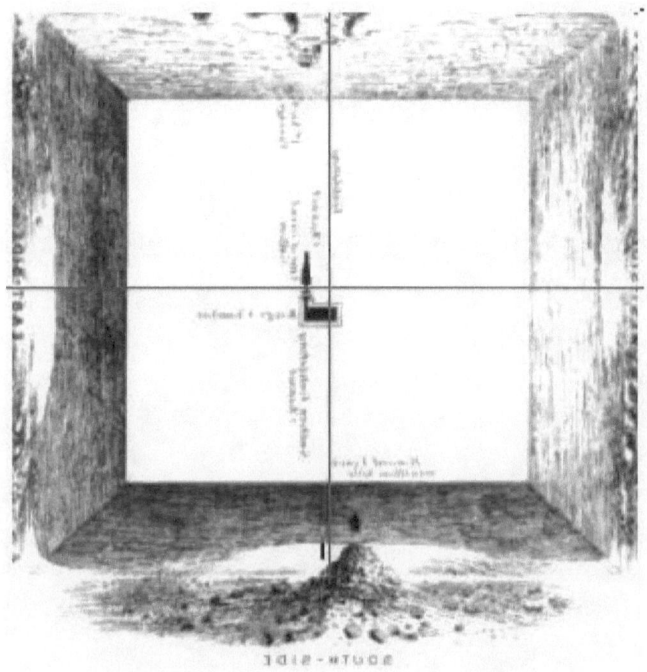

**Figura 103: Vista de la Gran Galería**

**La inclusión de la Gran Galería en el diseño hace que las cámaras y corredores ganen altura dentro de la estructura.**

Puede resumirse que la distribución interior de la Gran Pirámide está compuesta por **una rampa interior (la Gran Galería) en torno a la cual se dispone la distribución funeraria tradicional de cámaras y corredores**.

**La inclusión de la Gran Galería responde inicialmente a necesidades constructivas** sin embargo, al incorporarse en el diseño se transforma en un elemento arquitectónico que alcanza niveles de excelencia en su función de pasaje hacia la Cámara del Rey.

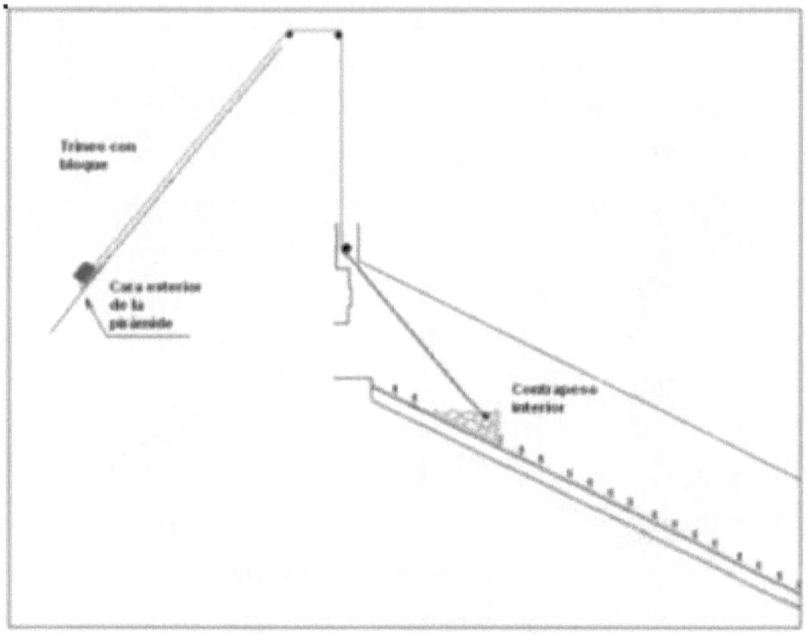

Figura 104: El contrapeso interior

## Pendiente de la Gran Galería

La pendiente de esta galería, en su función como corredor, debió de ser adecuada para permitir el ascenso a pie.

Además en su función **como rampa interior** debía ser apropiada para el descenso del trineo cargado (contrapeso interior), generando el esfuerzo en las cuerdas necesario para elevara el trineo exterior.

**La pendiente adoptada de 26 grados permite cumplir con ambas funciones.**

El contrapeso interior cargado con 2000 a 4000 Kg. (1 a 2 metros cúbicos de bolsas de arena), permitía elevar bloques de 500 a 1000 Kg. como los utilizados en la cobertura en el sector alto **(Ver Memoria de Cálculo).**

Este contrapeso también proporcionaba una fuerza en las cuerdas sumamente útil para complementar el esfuerzo de las cuadrillas en la elevación de bloques más pesados en los sectores de media altura.

En lo referente al trabajo de utilizar un contrapeso interior en relación a un contrapeso exterior (Ver Pág. 143), con valores de fricción bajos como los que estamos manejando, prácticamente no hay diferencia.

Si bien un contrapeso exterior es más liviano que uno interior, el trabajo de recargarlo, requiere elevar esa carga a una altura mayor, lo cual hace que ambos métodos requieran trabajos similares.

La elección de los constructores estaba determinada seguramente por la eficacia del método utilizado y no por el trabajo que su uso requeriría.

Es razonable pensar además que los antiguos constructores deben haber considerado la posibilidad de mantener en reserva el método que les permitiría alcanzar esta altura record. Un trabajador ubicado en el exterior de la pirámide tendría un conocimiento muy limitado del método que se estaba utilizando para elevar los bloques de la cobertura. Probablemente no podría agregar mucho más a la versión recogida por Herodoto.

Luego, las contradicciones que están presentes en el cierre de la pirámide (Ver Capítulo.: II), induce a pensar que existe una estrategia para ocultar el verdadero propósito de la Gran Galería y su relación con la concreción de esta obra maestra.

La capacidad desarrollada por los antiguos constructores para hacer estrategias efectivas con el propósito de obtener tumbas seguras, se observa también en el cierre de la pirámide y en el diseño de las distribuciones interiores, que analizaremos en la próxima versión de este libro.

# El Contrapeso Interior

Con el objeto de ilustrar la aplicación práctica de la técnica de elevación de bloques a gran altura, consideremos que el núcleo de la pirámide ya fue construido y la cobertura colocada hasta una altura superior a los 100 metros.
En el exterior, la rampa recta utilizada para instalar la cobertura (en los sectores bajo y medio), se apoya sobre la cara Sur hasta alcanzar una altura máxima de 70 metros. Sobre la calzada de la rampa un conjunto de bloques de revestimiento, tallados en fina piedra caliza y otros bloques de respaldo más rústicos utilizados para rellenar los escalones del núcleo, esperan ser elevados hasta su posición final.

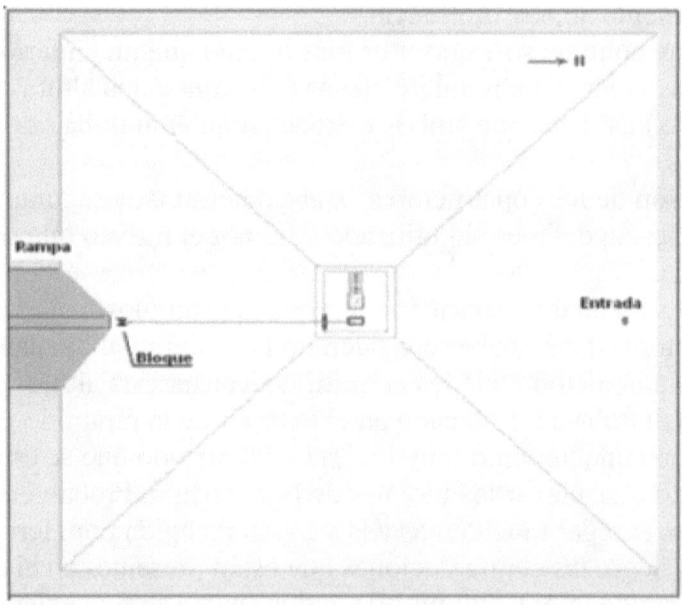

Figura 105: Elevación de un bloque utilizando el Contrapeso

El trineo exterior es descendido (deslizándose sobre superficies de madera fijas a la cara de la pirámide) desde la hilada de la cobertura en construcción hasta la calzada de la rampa, sobre el cual es cargado un nuevo bloques a subir (Ver Fig.:105).

En el interior de la galería, otro trineo cargado con bolsas de arena desciende (deslizándose sobre superficies de madera fijas sobre las guías de piedra existentes o bien sobre el piso) la distancia necesaria para subir el trineo exterior, desde la rampa hasta la cobertura en construcción. El esfuerzo obtenido por el descenso del trineo interior se trasmite al trineo exterior mediante cuerdas a través del conducto vertical que conecta la galería con la cima de la pirámide. La transmisión se realiza utilizando apoyos fijos lubricados como los ilustrados en el Capítulo III. Los bloques fijos a las paredes colocados a intervalos regulares, actuando como topes, permiten detener el contrapeso en posiciones intermedias, según la distancia a recorrer durante la elevación de cada bloque. El empleo de este contrapeso interior permite elevar los bloques de la cobertura en el sector alto y complementa el esfuerzo realizado por las cuadrillas en la elevación de los bloques en el sector medio.

## Los Corredores de Ensayo

En la figura ilustramos el ensayo a escala del procedimiento propuesto para elevar bloques a gran altura.

Figura 106: Ensayo del Contrapeso Interior

Los antiguos constructores también debieron realizar ensayos para utilizar este método y determinar su efectividad.

El ensayo de este método seguramente consistió en realizar una construcción a escala de la cima de la pirámide, que era la gran dificultad a superar para concretar la obra.

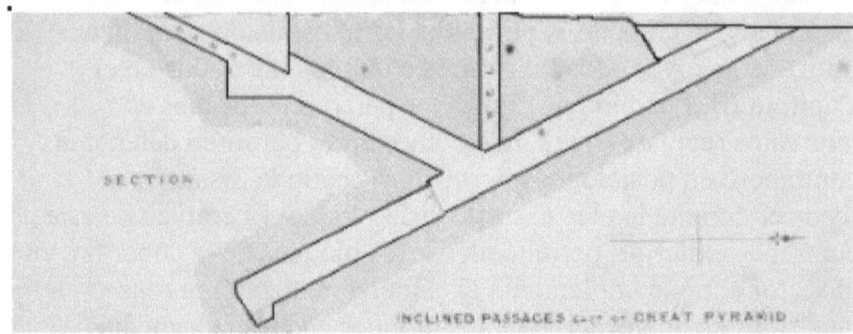

Figura 107: Corredores de Ensayo

Para ello fue necesario disponer de una infraestructura mínima a nivel de suelo donde reproducir la operativa.

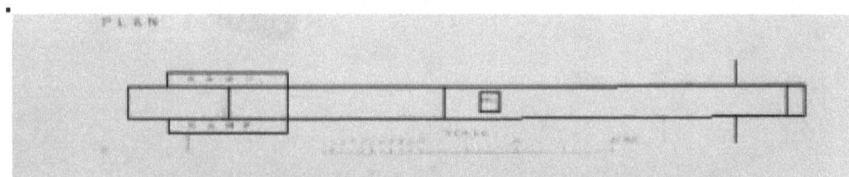

Figura 108: Corredores de Ensayo (Planta)

Flinder Petrie describe en su libro una excavación existente junto a la fachada Norte de la Gran Pirámide, a la que denominó **"Corredores de Ensayo"**. Este nombre se lo asignó por ser una réplica del sector bajo de la distribución interior de la Gran Pirámide. "Los corredores de ensayos son una clase totalmente diferente de obra, se trata de un modelo de los pasajes de la Gran Pirámide, más cortos en longitud, pero de igual dimensión en ancho y alto" **(Petrie, 1883: 51)**.

La realización de esta réplica de la Gran Galería permite ensayar el procedimiento de construir la cima y cubre la necesidad de obtener el modelo de sombras a ser utilizado durante la colocación de la cobertura (Ver Fig.:107 y 108).

### El Conducto de la Cuerda

El método descrito para elevar bloques a gran altura tiene la peculiaridad, a diferencia de otras propuestas formuladas, de ser demostrable.

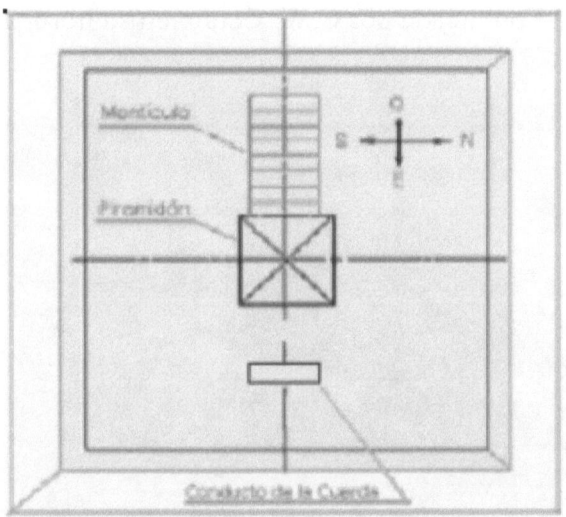

Plataforma de la Cima

**Figura 109: Plataforma de la Cima**

En efecto, si esta técnica para elevar bloques a gran altura fue ciertamente utilizada por los antiguos constructores, entonces deben existir evidencias de la salida del conducto de la cuerda en la cima de la pirámide.

Para identificar la salida de este conducto en la cima, sabemos que:

a)  la ubicación de su salida  se encuentra sobre el sector
    "Este" de la plataforma de la cima, y en el plano "Este –
    Oeste".

b)  la forma de su salida es rectangular y debió ser obstruido
    en toda su longitud, utilizando bloques que pudieran ser
    introducidos en su interior, al finalizar la obra.

La figura 110 es un dibujo de la cima de la pirámide,
realizado por E.W.Laner, dibujante profesional, en el trabajo
"Descripción Exhaustiva de Egipto" (Museo Británico, add. MS.
34,083, f.24) – publicada por C.W. Ceram en su libro "En busca
del pasado".

**Figura 110: Conducto de la Cuerda**

Observando la figura podemos identificar un sector
rectangular con características semejantes a la boca del conducto,

en la ubicación antes mencionada conteniendo tres pequeños bloques (ver flecha).

En esta página web se puede visitar la plataforma de cima y confirmar la precisión alcanzada por Laner en su dibujo (ver: http://www.pbs.org/wgbh/nova/ancient/explore-ancient-egypt.html ).

Como vimos en la descripción de la Gran Pirámide, existen otros cuatro conductos de gran longitud y pequeña sección, característicos de esta pirámide que fueron descubiertos en el transcurso del tiempo.

La existencia de bloques tan  pequeños como los que indicamos en la fotografía no son usuales en la construcción de la pirámide. Recientemente se descubrió un bloque de estas características en el interior de uno de los conductos existentes en la Cámara de la Reina.

**La Pirámide de Kefren:**

La pirámide de Kefren es posterior a la Gran Pirámide y ligeramente más baja que ella, siendo la calidad de su realización algo inferior. Es de suponer que debió de ser construida con los mismos procedimientos considerando los resultados obtenidos.

En particular, debió de utilizarse la técnica de elevar los bloques a gran altura descripta anteriormente y por consiguiente debería tener al igual que la pirámide de Keops una Gran Galería en su interior.

La Gran Galería en el interior de Keops la conocemos por los trabajos realizados por el califa Al Mamun. Si estos trabajos de apertura de la pirámide no se hubieran realizado, conoceríamos simplemente el corredor descendente y la cámara subterránea.

Algo similar es lo que conocemos de la pirámide de Kefren.

Sus entradas fueron descubiertas por Batista Belzoni luego de remover bloques y escombros que estaban acumulados sobre la cara Norte. Hasta ese momento la opinión predominante era que la pirámide de Kefren era maciza, sin cámaras en su interior. Una vez que ingresa a la pirámide, Belzoni accede a la Cámara Funeraria encontrándola vacía. El túnel excavado por saqueadores así como una inscripción dejada en la cámara daban cuenta de una incursión anterior probablemente muy antigua.

Analizaremos con más detalle la distribución interior conocida y su semejanza con la existente en la Gran Pirámide, en la próxima versión de este libro. Adelantaremos simplemente que en nuestra opinión, lo que podemos ver de la distribución interior de Kefren, lejos de ser una versión simplificada de la distribución interior de una pirámide, es una versión mejorada de la distribución interior de Keops.

# Capítulo VI

# Cierre de la Gran Pirámide

**Interpretaciones:**

El inusual bloqueado existente en el Corredor Ascendente, analizado en el Capítulo II, y las interrogantes que de él surgen dio lugar a dos interpretaciones sobre la manera en que pudo ser realizado:

a) **Los bloques de granito se deslizaron en el interior del corredor ascendente desde la Gran Galería donde estaban almacenados.** Esta forma de hacer el bloqueado la descartamos debido a la limitada holgura (en algunos sectores negativa), existente entre los bloques de granito y el corredor ascendente, lo cual impide el paso de estos bloques hasta su posición actual. El atascamiento de uno de estos bloques, sería un problema de incierta solución en el reducido espacio del interior del corredor. Esta forma de realizar el cerramiento además de ser de improbable concreción, no permite explicar la inusual estructura que presenta el corredor y a la cual nos referiremos.

b) **El bloqueado fue colocado en su posición simultáneamente con la construcción del corredor.** Considerar que el corredor fue construido durante la edificación de la pirámide, nos conduce a la conclusión de que ésta fue cerrada en el momento mismo en que se construyó y por lo tanto no pudo ser utilizada como tumba. Nos parece improbable que la Gran Pirámide no fuera en definitiva utilizada como sepultura, al ser una obra maestra meticulosamente terminada y para cuya construcción se dedicaron esfuerzos incalculables.

Con el objetivo de esclarecer el bloqueado realizado, formularé mi interpretación que permite comprender las peculiaridades que presenta el cierre del corredor ascendente.

c)  **El corredor ascendente tenía antes del bloqueado una sección mayor, la cual fue reducida durante la colocación del bloqueado en su interior, al realizarse los trabajos de cierre de la pirámide.**

Evidencia de estos trabajos, es la estructura del corredor ascendente, **la cual no está presente en ningún otro corredor de una pirámide**. Se trata de una disposición atípica de los bloques que forman el techo y las paredes del corredor consistente en "**anillos de piedra**" dispuestos a intervalos regulares.

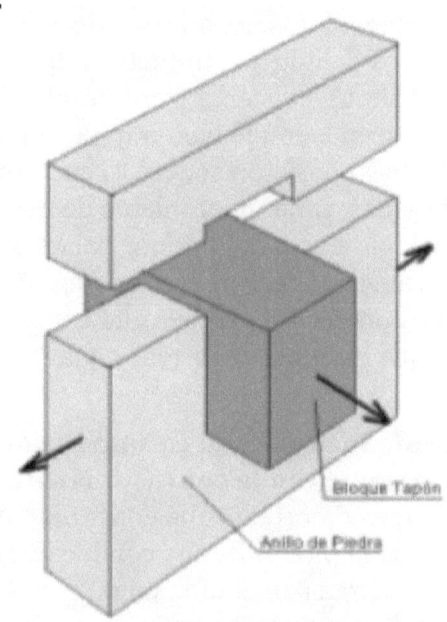

**Figura 111: Bloque Tapón**

Los bloques del piso y las paredes del corredor fueron colocados simultáneamente con los bloques de granito y sostenidos por los anillos de piedra actuando el conjunto como muros de contención.

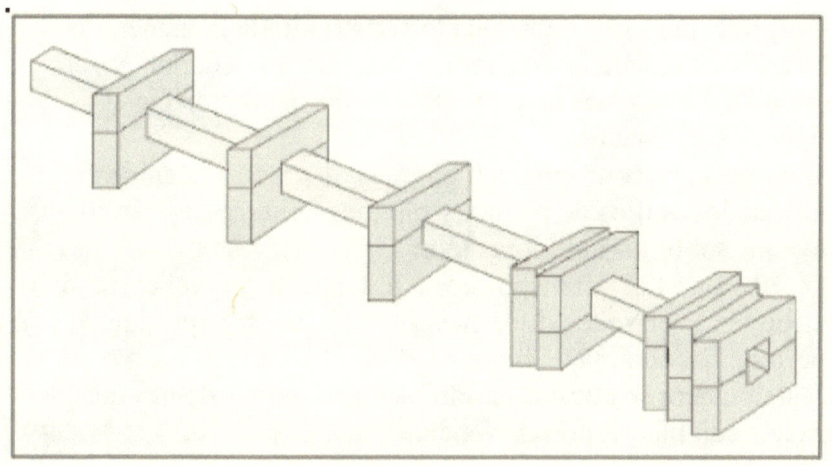

**Figura 112: Distribución de Anillos**

Dichos anillos de piedra trabajan conteniendo la fuerza lateral que realizan los bloques de granito, e impidiendo que éstos se deslicen siendo mantenidos así en su posición. Ejemplo de ello son los tres bloques de granito que aún permanecen en la entrada del corredor.

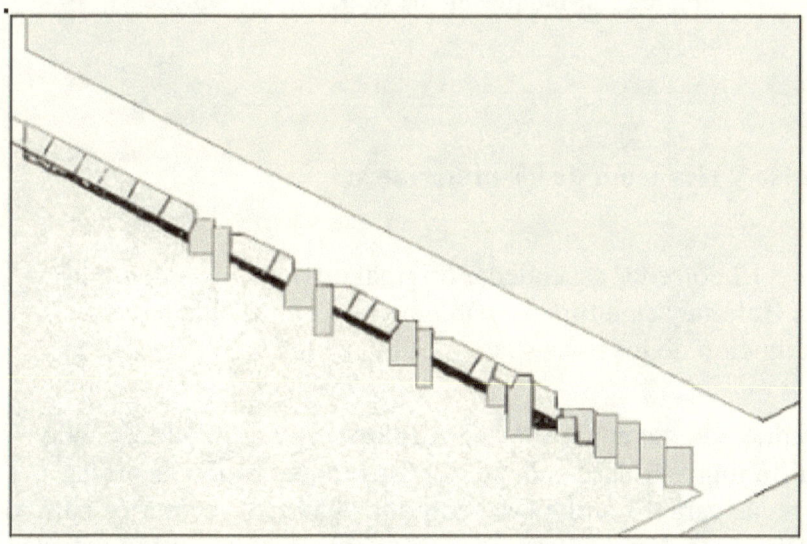

**Figura 113: Construcción del Corredor Ascendente**

Si el corredor hubiera sido construido de la manera habitual y no existieran los anillos, las paredes cederían por la presión de los bloques tapón y éstos se deslizarían hacia el corredor descendente.

El bloqueado se conforma con bloques de granito retenidos dentro de los anillos de piedra y bloques también de granito apoyados sobre los anteriores (Ver Fig.:114).

Los anillos así dispuestos a lo largo de todo el corredor, distribuyendo entre los diferentes sectores la carga producida por el peso de la columna de bloques.

De esta manera se alternaban bloques deslizantes dentro del corredor con bloques de contención.

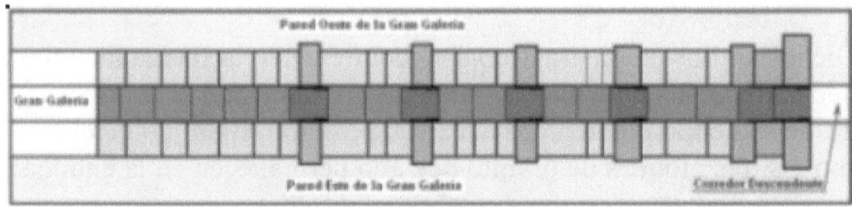

**Figura 114: Bloqueado del Corredor Ascendente**

### Ingreso y elevación de los materiales:

El corredor ascendente original era tan ancho como la Gran Galería y su altura probablemente alcanzaba la tercera disminución de los muros laterales (Ver Fig.:115).

La reducción del **corredor ascendente** original y su bloqueado requirió ingresar desde el exterior los bloques tapón, las losas utilizadas para los anillos, así como los bloques necesarios para reducir la sección del corredor ascendente a la dimensión actual.

El ingreso de los materiales desde el exterior fue posible porque el **corredor descendente** también tenía originalmente una sección mayor.

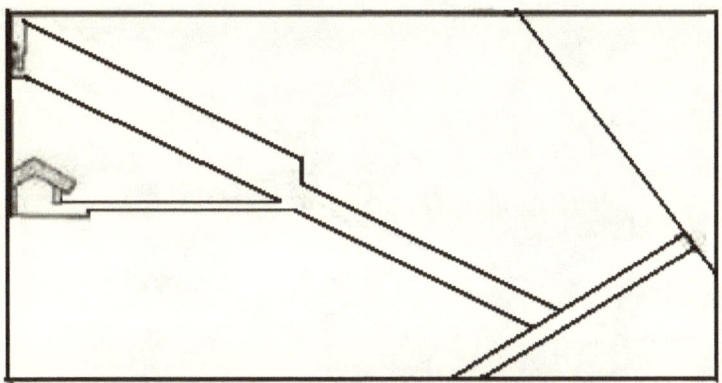

**Figura 115: Corredores antes del bloqueado**

Evidencia de esto es la desproporción entre la pequeña entrada de la pirámide y su techo (Ver Fig.:116) que fue diseñado para un corredor de mayor luz entre paredes, como era el corredor descendente original, antes del cerramiento.

**La plataforma:**

Los materiales necesarios para bloquear el corredor ascendente, fueron deslizados por el corredor descendente y posteriormente subidos mediante cuerdas hasta su posición en el corredor ascendente.
El esfuerzo para subir estos bloques por el corredor ascendente, (algunos consistentes en bloques de granito de 3 toneladas) debió ser realizado desde la Gran Galería mediante cuerdas (Ver Fig.:120).

Una vez completada la colocación de los boques tapón y las paredes del corredor ascendente, se subió y almacenó en la Gran

Galería el material necesario para completar el techo del corredor.

**Figura 116: Entrada antes del bloqueado**

Es en esta instancia en que la plataforma fue montada dentro de la Gran Galería. La misma se encontraba a la altura de la tercera disminución de los muros laterales donde es visible una ranura a lo largo de las paredes. Esta plataforma estaba sostenida por soportes verticales también en madera apoyada y vinculada a las ranuras rectangulares talladas sobre las guías de piedra y sobre el escalón (Ver Fig: 119).
La colocación de los soportes requirió cortar los bloques engastados a ras de la pared. Estos bloques engastados fueron colocados en la pared para cumplir una función que es anterior al cierre de la pirámide. Como analizamos en el Capítulo V, dichos bloques oficiaron de topes para detener el contrapeso en

posiciones intermedias durante la colocación de la cobertura (Ver Fig.: 117 y 118).

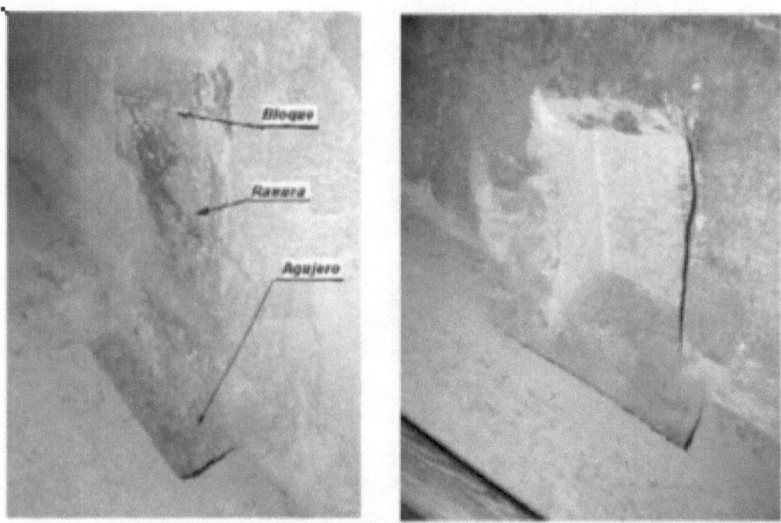

Figura 117: Ranuras en las Banquetas

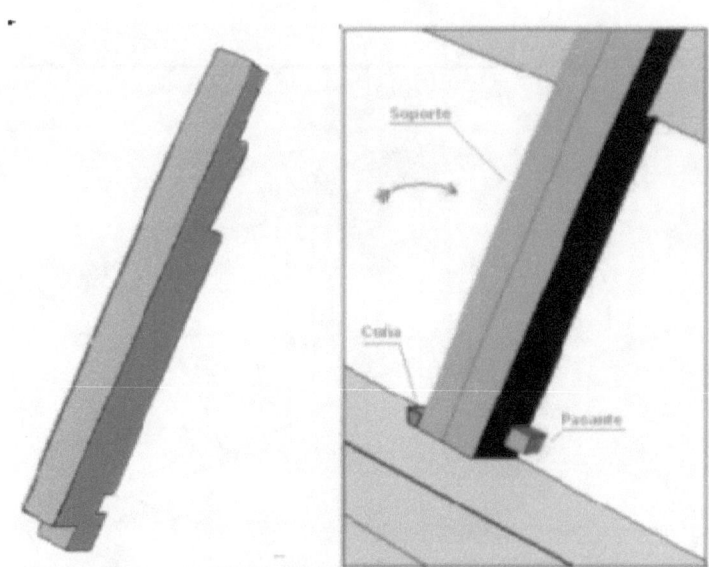

Figura 118: Soporte de la Plataforma

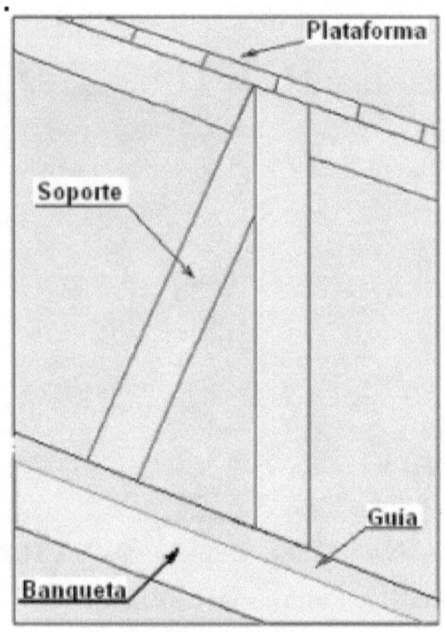

Figura 119: Plataforma

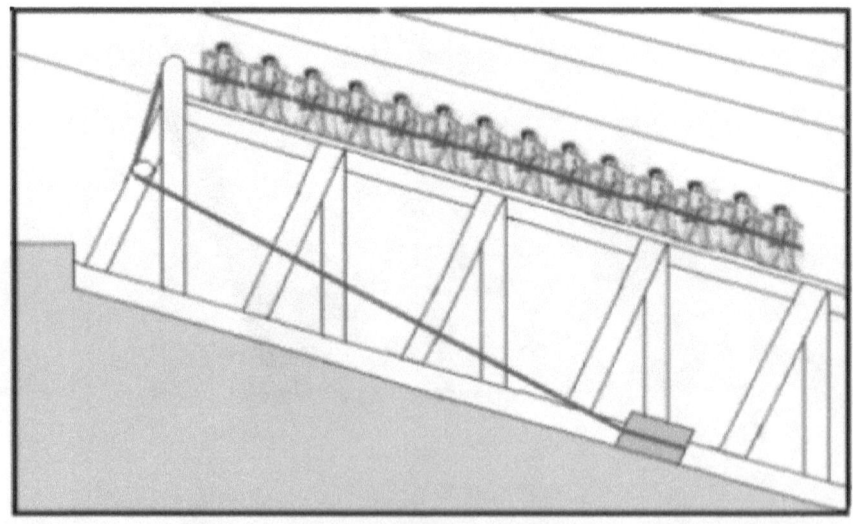

Figura 120: Elevación de bloques para la construcción del Corredor
Ascendente.

**Apertura de la Pirámide:**

Ingresando en el corredor ascendente podemos visualizar que durante la apertura de la pirámide realizada por el Califa Al Mamun, las paredes fueron excavadas para remover los bloques tapón que se encontraban enclavados dentro de los anillos de piedra.

En la figura se observa con mayor detalle la excavación realizada en las paredes alrededor de los bloques tapón, la cual termina prolijamente en un plano vertical (Ver Fig.:121).
Seguidamente se observa un sector del corredor que no ha sido excavado..
La longitud del bloqueado del corredor ascendente se determina así, en función del deterioro realizado para removerlo. Si todos los anillos de piedra fueron excavados de la manera en que se visualiza en la figura, entonces el bloqueado se extendió a todo el corredor. El pozo o conducto de servicio, cuya función analizaremos en la próxima versión de este libro, no estaba disponible para la salida de los trabajadores.

Figura 121: Sectores dentro del Corredor Ascendente

**Figura 122: Corredor Ascendente**

# Consideraciones finales

En el transcurso de la historia humana, diversas civilizaciones han construido pirámides, por motivos religiosos y funerarios.

Estas civilizaciones tenían en común el propósito de realizar edificaciones altas. Construyendo con bloques de piedra arribaron a soluciones arquitectónicas similares. Si se parte de una base cuadrada y el objetivo es construir alto utilizando bloques de piedra, **la única estructura estable posible es la pirámide**.

Fue necesario que el hombre desarrollara materiales constructivos como el acero y cemento para edificar a gran altura formas diferentes.

La Gran Pirámide es la pirámide más alta y mejor construida, en la que los requisitos constructivos se cumplieron con niveles de excelencia. A esta obra maestra se llega como resultado de una **evolución constructiva** que comienza con las mastabas y alcanza su máxima expresión en esta pirámide.

Podemos afirmar sin lugar a dudas que quienes construyeron la Gran Pirámide, **la aprendieron a construir en Egipto.**

Como muy bien se afirma….mientras la civilización egipcia construía las pirámides….las pirámides construían la civilización egipcia.

# Memoria de Cálculo

# Memoria de Cálculo

Carga necesaria en el contrapeso para levantar un bloque de 500 Kg., sobre la pendiente de la cara de la pirámide.

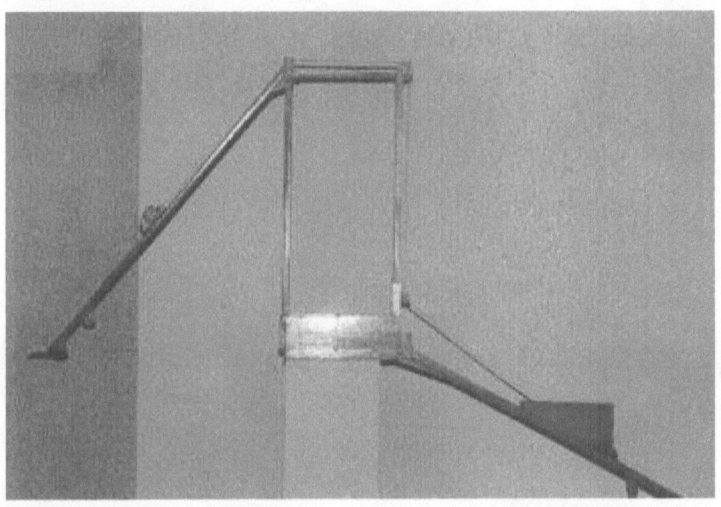

Fuerza en la cuerda exterior Fre:

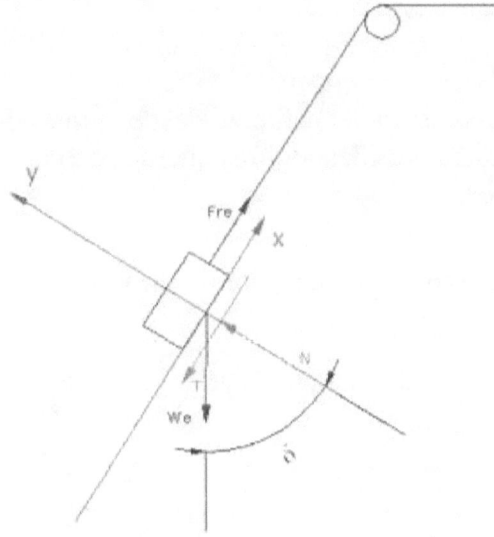

Diagrama de cuerpo libre de un contrapeso exterior:

$We$ = Peso del conjunto bloque/trineo o contrapeso exterior

$Fre$ = Fuerza en la cuerda exterior

$T$ = Fuerza de fricción

$N$ = Fuerza normal

$fe$ = Coeficiente de rozamiento

$\delta$ = 51°

1) $\sum Fx = Fre - We.sen\,\delta - T = 0$

2) $\sum Fy = N - We.\cos\delta = 0 \qquad N = We.\cos\delta$

3) $\sum T = fe.N$

$$\boxed{Fre = We.(sen\,\delta + fe.\cos\delta)}$$

La transmisión del esfuerzo desde el interior hacia el exterior se realizará utilizando tres cuerdas de papiro y apoyos fijos lubricados.

Relación esfuerzo cuerda exterior -> esfuerzo cuerda interior Fri

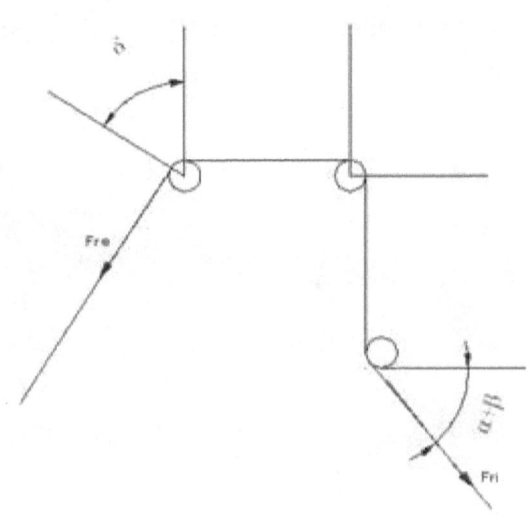

Esa transmisión es equivalente a esta más simple:

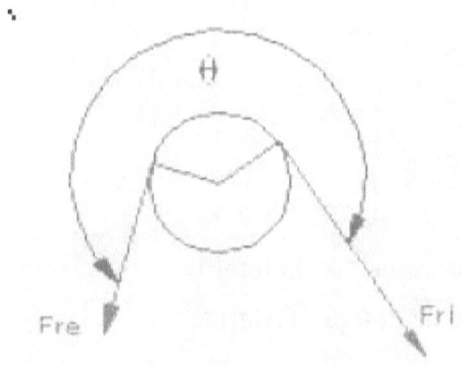

Fricción en la Transmisión

$\theta$  Angulo de abrazamiento de la cuerda de transmisión (radianes)

$$Fri = Fre.\,e^{ft.\theta}$$

Relación esfuerzo sobre la cuerda interior -> Peso del contrapeso interior

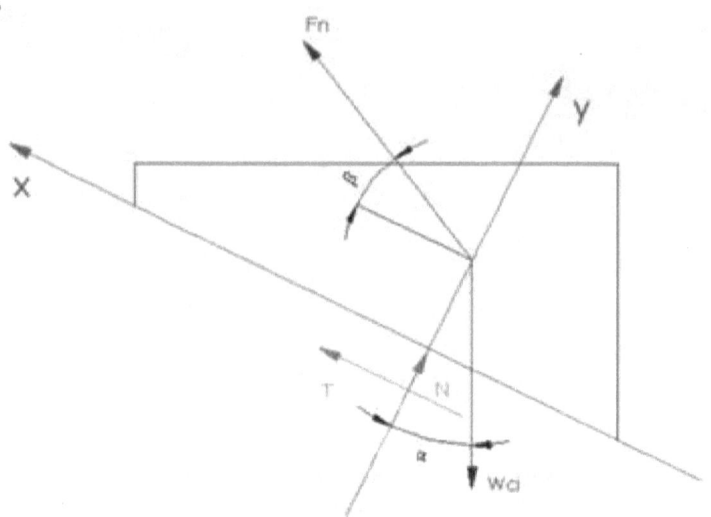

$Wci$ = Peso del contrapeso interior.

$Fri$ = Fuerza sobre la cuerda interior.

$\alpha$ = Pendiente de la Gran Galería.

$\beta$ = Pendiente de la cuerda respecto a la guía.

$T$ = Fuerza de fricción.

$N$ = Fuerza normal.

$fi$ = Coeficiente de fricción.

Analizando el diagrama de cuerpo libre del contrapeso interior:

4) $\sum Fx = T + Fri.\cos\beta - Wci.sen\alpha = 0$

5) $\sum Fy = Fri.sen\beta - Wci.\cos\alpha + N = 0$

6) $T = fi.N$

5) $N = Wci.\cos\alpha - Fri.sen\beta$

6) $T = fi(Wci.\cos\alpha - Fri.sen\beta)$

4) $fi(Wci.\cos\alpha - Fri.sen\beta) + Fri.\cos\beta - Wci.sen\alpha = 0$

$$Wci = \frac{Fri(\cos\beta - fi.sen\beta)}{sen\alpha - fi.\cos\alpha}$$

a) **Peso del contrapeso interior**.

$We$ = Peso del conjunto bloque-trineo a elevar = 500kg

$fe$ = Coeficiente de fricción = 0,12

$Fre$ = Fuerza en la cuerda exterior.

$$Fre = We.(sen\delta + fe.\cos\delta)$$   Fre = 500 kg * 0,85 = 425 Kg.

Fricción transmisión = 0,12

$\dot{\theta}$  Abrazamiento del ángulo de la transmisión = 3, 4 radianes

$Fri$ = Fuerza en la cuerda interior.

$$Fri = Fre.\text{e}^{ft.\theta}$$   Fri = 425 kg * 1, 5 = 638 kg

$\alpha$ = Pendiente de la Gran Galería = 26°

$\beta$ = Angulo de la cuerda = 11°  Asumiremos un valor promedio.

$fi$ = Coeficiente de fricción = 0, 12

$Wci$ = Peso del contrapeso interior

$$Wci = \frac{Fri(\cos\beta - fi.sen\beta)}{sen\alpha - fi.\cos\alpha}$$

Wci = 638 kg. * 2, 9 = 1853 Kg.

Wci = We *0,85*1,5*2,9 = We * 3,7 = 500 kg * 3,7 = 1853 kg

Adoptaremos una relación de pesos de 1 a 4.

## Según el peso de los bloques a elevar:

El trineo cargado con 2000 a 4000 Kg. (1 a 2 metros cúbicos de bolsas de arena), permitió elevar bloques de 500 a 1000 Kg. de peso.

## Según la distancia a recorrer sobre la cara de la pirámide:

Con una recarga del contrapeso, se eleva por ejemplo un bloque de la cobertura a una distancia de 70 metros sobre la cara de la pirámide o bien 5 bloques que recorran 14 metros cada uno.

## Según la fuerza disponible en las cuerdas:

La fuerza disponible en las cuerdas para complementar el esfuerzo realizado por las cuadrillas al elevar bloques de peso mayor a 1000 Kg. es de 425 Kg. en la dirección de la cara de la pirámide para una carga de 1 metros cúbico de arena y de 850 Kg. para 2 metros cúbicos de arena.

# Bibliografía

- **Dieter Arnold**, Building in Egypt: Pharaonic Stone Masonry, Oxford University Press, 1991.

- **Bauval Robert**, The Orion Mystery, William Heinemann Ltd, 1994.

- **Borchardt Ludwig**. Das Grabdenkmal des Koniges Sahure, vol I. Leipzig: J. C. Hinrichs, 1910.

- **Ceram C. W.**, En Busca del Pasado, Labor , 1961.

- **Colonel Coutelle**, Observaciones sobre las Pirámides de Gizeh, vol. IX Description de l'Égypte, Paris 1829.

- **Diodoro de Sicilia**, Biblioteca Histórica, Libro I.

- **Dormion G. & Goidin J.P.** – Kheops Nouvelle Enquête – Propositions Préliminaires. ERC. Paris, 1986

- **Edwards I.E.S.**, The Pyramids of Egypt, Penguin Books, 1993.

- **Fakhry Ahmed**, The Pyramids, The University of Chicago Press, 1975.

- **Goneim M. Zakaria**, The Buried Pyramid, Longmans, 1956.

- **Goyon G.**, Le Mécanisme de Fermeture à la pyramide de Khéops, Paris, 1963.

- **Hawass Zahi**, Pyramid Construction,New Evidence Discovered at Giza, http://guardians.net/hawass/pbuildrs.htm"

- **Herodoto**, 430 BC. 'The Histories', Vol II: 124. By Sir. Henry Rawlinson

- **Isler Martin**, Sticks, Stones, and Shadows: Building the Egyptian Pyramids, 1926

- **Lauer J.P.**, Le Problème des Pyramides D`Égypte, Payot, 1948.

➢ **Lehner Mark**, The Complete Pyramids, Thames & Hudson, 1997.

➢ **Lepre J.P.**, The Egyptian Pyramids, Mc Farland, 1990

➢ **Maragioglio Vito and Celeste Rinaldi**. L'Architettura delle Piramidi Menfite, Rapallo, 1965.

➢ **Mendelssohn Kurt**, The Riddle of the Pyramids, Thames and Hudson, 1974.

➢ **Morton Edgar and John**, Great Pyramid Passages and Chambers, Glasgow, Bone & Hulley, 1910.

➢ **Petrie Flinders**, The Pyramids and Temples of Gizeh, Scribner & Welford, 1883.

➢ **Pochan André**, El Enigma de la Gran Pirámide, Plaza & Janes SA, 1979.

➢ **Smyth Piazzi**, Life and Work at the Great Pyramid, Edinburgh: Edmonston and Douglas 1867.

➢ **Plinio**, Historia Natural Libro XXXVI.

➢ **Sampsell** Bonnie M., Pyramid Design and Construction - Part I: The Accretion Theory, The Ostracon, Journal of the Egyptian Study Society, Denver, 2000.

➢ **SmythCraig B.**, How the Great Pyramid was built, Smithsonian Books, 2006.

➢ **Miroslav Verner**, Las Pirámides, El Misterio, Cultura y Ciencia de los grandes monumentos de Egipto, Grove Press, 2001.

➢ **Miroslav Verner**, Forgotten Pharaohs, Lost Pyramids, Abusir. Prague: Academia Skodaexport, 1994.

➢ **Vyse Howard**, Operations Carried on at the Pyramids of Gizeh, James Fraser, Regent Street London, 1837.

## Ilustraciones

| Fig. | Descripción | Autor |
|------|-------------|-------|

### Capítulo I – Descripción de la Gran Pirámide

| | Descripción | Autor |
|---|-------------|-------|
| | Portada | Ilustración del Autor sobre fotografías de Bodsworth Jon |
| 1 | Complejo funerario de Giza | Smyth Piazzi |
| 2 | La Gran Pirámide | Bodsworth Jon |
| 3 | Bloques del Revestimiento. | Bodsworth Jon |
| 4 | Corte Norte –Sur de la Gran Pirámide | Smyth Piazzi |
| 5 | Corte y vista general de la Gran Pirámide | Smyth Piazzi |
| 6 | Entrada | Smyth Piazzi |
| 7 | Entradas | Bodsworth Jon |
| 8 | Entrada al Corredor Ascendente | Bodsworth Jon |
| 9 | Gruta de Al-Mamun | Smyth Piazzi |
| 10 | Corredor Descendente | Bodsworth Jon |
| 11 | Entrada al Corredor Ascendente | Bodsworth Jon |
| 12 | Entrada a la Cámara de la Reina | Smyth Piazzi |
| 13 | El Pozo | Smyth Piazzi |
| 14 | Corredor Ascendente | Bodsworth Jon |
| 15 | Cámara de la Reina | Smyth Piazzi |
| 16 | La Gran Galería | Smyth Piazzi |
| 17 | La Gran Galería vista desde la pared Norte | Bodsworth Jon |
| 18 | Vista desplegada de la Antecámara | Smyth Piazzi |
| 19 | Cámara del Rey y Antecámara | Smyth Piazzi |
| 20 | Conducto en la Cámara del Rey | Bodsworth Jon |
| 21 | Vista desplegada de la Cámara del Rey | Smyth Piazzi |
| 22 | Cámara del Rey | Bodsworth Jon |

### Capítulo II - El Cierre del Corredor Ascendente

| | Descripción | Autor |
|---|-------------|-------|
| 23 | Sujeción de los bloques tapón según Goyon | Ilustración del Autor |
| 24 | Salida de los trabajadores luego del bloqueado | Ilustración del Autor |

## Capítulo III - Evolución de las Pirámides

## Primer Avance Constructivo "La Mastaba"

## Segundo Avance Constructivo "La Pirámide Escalonada"

## Tercer Avance Constructivo "La Pirámide Lisa"

## Cuarto Avance Constructivo "La Pirámide Verdadera"

## Quinto Avance Constructivo "La Gran Pirámide"

## Capítulo IV – Construyendo la Gran Pirámide

## Capítulo V – El Propósito de la Gran Galería

## Capítulo VI - .El Cierre de la Gran Pirámide

## ÍNDICE

## CAPITULO I

# CAPITULO II

# CAPITULO III

## CAPITULO IV

## CAPITULO V

## CAPITULO VI

**Daniel Gerardo**

Nacido en Montevideo el 25/11/1958 de profesión Perito en Ingeniería Mecánica.

Desde su juventud ha tenido particular vocación por el estudio de la evolución constructiva de las pirámides egipcias. Fue en una clase de historia, a los 13 años de edad, que vió por primera vez un dibujo en corte de la pirámide del faraón Keops. A partir de ese momento comienza su interés por la temática.

En la década de 1980 completó su tesis que consiste en relacionar el diseño de la distribución interior de la Gran Pirámide con su construcción.
Dicha trabajo fue evaluado por el arquitecto J. F. Lauer.
Continuó desarrollando su investigación sobre la base del análisis de los requisitos constructivos y funcionales que hacen a la realización de esta obra maestra y los procedimientos disponibles para satisfacerlos.
Las conclusiones de esta prolongada investigación son publicadas en este libro **"La Pirámide Posible"**, conjuntamente con las opiniones sobre la materia de los principales especialistas.

www.ingramcontent.com/pod-product-compliance
Lightning Source LLC
Chambersburg PA
CBHW031951170526
45157CB00002B/453